设施蔬菜

微灌施肥工程与技术

李俊良 梁 斌 主编

中国农业出版社

编　委　会

为贯彻落实中央农村工作会议、2015 年中央 1 号文件和全国农业工作会议精神，紧紧围绕"稳粮增收调结构，提质增效转方式"的工作主线，大力推进化肥减量提效、农药减量控害，积极探索产出高效、产品安全、资源节约、环境友好的现代农业发展之路，农业部制定了《到 2020 年化肥使用量零增长行动方案》。该方案要求到 2020 年，初步建立科学施肥管理和技术体系，科学施肥水平明显提升，力争主要农作物化肥使用量实现零增长。实现这些目标很重要的一项技术保障措施就是水肥一体化技术，也称为微灌施肥技术。

微灌施肥是按照作物需求，通过管道系统与安装在末级管道上的灌水器，将作物生长所需要的水和养分以较小的流量，均匀、准确地直接输送到作物根部附近土壤的一种局部灌水施肥方法。与传统的全面积湿润的地面灌溉相比，微灌施肥可省水 50% 以上，省肥 30%～50%，显著提高水肥资源利用率，降低肥料损失对生态环境的不利影响。微灌施肥是综合学科的集成，包括微灌工程的规划与建造，微灌施肥系统的运行、管理及评价，微灌施肥技术的合理运用等方面。只有将上述各方面都进行优化，才能充分发挥微灌施肥节水省肥、省工环保的优势。截止到 2015 年，我国微灌施肥已经推广实施 7 000 万亩*，预计到 2020 年推广应用面积将达1.5 亿万亩，其中蔬菜和果树等经济作物非常适合进行微灌施肥。在设施蔬菜生产中，微灌施肥不仅节水减肥，省工环保，而且由于降低空气湿度，可明显减少病害发生，减少农药的投入。

2013 年，我国设施蔬菜种植面积已经达到 370 万公顷，占我国蔬菜种植面积的 18% 以上，设施蔬菜总产达到 2.5 亿吨，占蔬菜总产量的 34%，设施蔬菜的生产为满足我国蔬菜需求起了举足轻重的作用。但是由于生产者片面地追求高产量、高收入，不合理的水、肥及土壤管理导致我国设施蔬菜生产中普遍存在水肥利用率低、环境污染风险大、土壤退化严重等问题，微灌施肥是解决以上问题的关键措施之一。本书在分析我国设施蔬菜产业发展现状、设施菜地土肥水现状及管理的基础上，从工程、技术、管理和评价四个方面全面介绍了微灌施肥工程的设计、建造与评价，微灌施肥技术应用与效果等，以期为从事微灌施肥工程设计与建造者、微灌施肥系统的应用者、微灌施肥技术的实施及推广人员提供基本知识与技能。

本书的主要内容是在农业部公益性行业（农业）科研专项的支持下完成的。项目名称：作物最佳养分管理

---

* 亩为非法定计量单位，1 亩＝1/15 公顷，下同。——编者注

技术研究与应用（201103003），课题名称：集约化菜地最佳养分管理技术模式与示范；项目名称：农田基础设施工程集成技术及模式研究（200903009），课题名称：现代灌溉工程技术集成与模式研究；山东省农业重大应用技术创新项目：设施蔬菜土肥水综合管理技术研究与应用。同时也得到了"山东省水肥一体化工程技术研究中心"的大力支持，在此也祝贺"山东省水肥一体化工程技术研究中心"的成立与运行。

　　本书第一章由梁斌、张士荣、董静编写，第二、三、四章分别由丁效东、金圣爱、陈延玲编写，第五章由梁斌、房增国编写，第六章由李俊良、李树亮、杜志勇编写，第七章由梁斌、张小梅、刘庆花、陈延玲编写，第八章和第九章由梁斌、李俊良、王承明编写第十章由董静、金圣爱、曾路生编写。全书由梁斌、李俊良统稿。此书在编写过程中得到各位编者的大力支持，在此表示感谢。由于本书完成的时间仓促，一些细节缺乏斟酌，不足之处敬请读者提出宝贵意见。

　　最后，感谢农业部公益性行业（农业）科研专项的资助。

编　者

2015 年 11 月

【 目 录 】

前言

第一章
蔬菜产业发展与微灌施肥现状

第一节 蔬菜产业发展现状

一、蔬菜面积与产量发展与现状

随着人们生活水平的提高，蔬菜的种植面积和产量呈上升态势，且单产水平有所提高。据统计，2000 年我国蔬菜种植面积约 1 523 万公顷，单产为 28 吨/公顷（图 1-1），年人均蔬菜持有量为 326 千克；2004 年蔬菜种植面积增加到 1 756 万公顷，单产提升了 3.5 吨，年人均蔬菜持有量为 424 千克；到 2013 年全国蔬菜种植面积达到 2 090 万公顷，单产也达到 35 吨/公顷，人均

图 1-1　全国蔬菜单产变化情况

蔬菜持有量达到 544 千克，超出世界平均水平的 4 倍。2000 年之后，我国蔬菜栽培面积和单产逐年提高，平均每年增长 3.3%和 2.7%（图 1-1、图 1-2）。

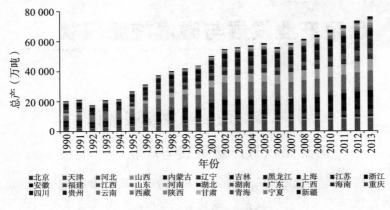

图 1-2　全国蔬菜总产情况

以秦岭淮河为分界线，我国南方蔬菜种植面积大于北方（图 1-3）。蔬菜种植主要分布在中南地区（湖北、湖南、河南、广东、广西、海南）和华东地区（上海、江苏、安徽、浙江、江西、福建、山东），2013 年这两个地区蔬菜种植面积分别占全国蔬菜总种植面积的 33% 和 29%，而其耕地面积仅占全国耕地面的 19.8% 和 19.9%（图 1-4）。种植面积最大省份为山东 183 万公顷，其次为河南 175 万公顷，居前五位的还有江苏、广东和湖

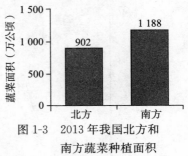

图 1-3　2013 年我国北方和南方蔬菜种植面积

南，分别为 135 万、131 万和 128 万公顷。总产量以华东地区最高，占全国总产的 31%，其次为中南地区和华北地区，分别占 28% 和 15%。总产量前五位省份分别为山东、河北、河南、江

苏和四川，总产占全国总产的 46%。

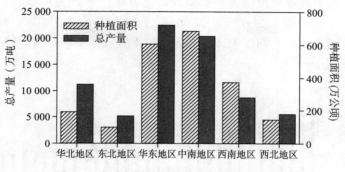

图 1-4　我国不同地区蔬菜种植面积和总产量

按人均算，人均产量最高地区为华北地区，人均 659 千克；其次为西北、华东和中南地区，上述三地区分别为 563 千克、563 千克和 534 千克；东北和西南地区人均蔬菜产量明显低于全国平均水平，分别为 470 千克和 445 千克。不同省份比较，人均蔬菜产量最高的 5 个省（自治区、直辖市）为河北、山东、宁夏、河南和辽宁，人均分别高达 1 078 千克、992 千克、778 千克、756 千克和 745 千克（图 1-5）；人均蔬菜产量最低的（自治区、直辖市）为北京、上海、西藏、青海和江西，人均仅为 126 千克、165 千克、215 千克、275 千克和 278 千克，蔬菜自给率

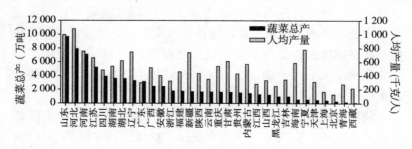

图 1-5　2013 年各省（自治区、直辖市）蔬菜总产与人均产量情况

明显不足。

北方蔬菜单产明显高于南方，北方单产平均为 45 吨/公顷，其中最高的省份为辽宁，为 66 吨/公顷，其次为河北 65 吨/公顷。南方单产平均仅为 26 吨/公顷。南方江苏单产最高 38 吨/公顷（图 1-6）。

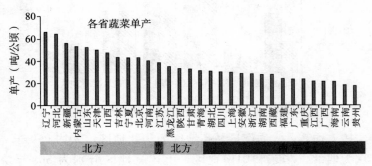

图 1-6　各省（自治区、直辖市）2013 年蔬菜单产情况

二、蔬菜种植结构情况

近年来我国蔬菜种植结构也发生了变化，逐渐由数量型向效益型转变，设施蔬菜面积增长速度加快，设施蔬菜栽培面积和产量所占比重逐年增加，到 2013 年设施蔬菜种植面积增加到 370 万公顷（图 1-7），占蔬菜种植面积的 18％以上，设施蔬菜总产达到 2.5 亿吨，占蔬菜总产量的 34％。与露地蔬菜相比，设施蔬菜产业的技术装备水平高、集约化程度高、科技含量高、比较效益高。抽样调查分析显示，设施蔬菜生产每亩综合平均产值 1.35 万元，每亩净产值 1.1 万元，比露地生产高 3～5 倍，投入产出比达到 1∶4.5。

我国设施蔬菜包括大中塑料棚、日光温室以及防雨遮阳棚等，主要分布于黄淮海与环渤海地区、长江流域和陕西、甘肃、宁夏、内蒙古等半干旱地区，栽培面积分别为 153 万、73.3 万和 25 万公顷。北方以日光温室和大中塑料拱棚为主，南方以大中塑料棚和防雨遮阳棚为主。2013 年我国大中塑料拱棚种植面积约为 170 万公顷，日光温室面积约为 100 万公顷。综合各省报道数据，我国设施农业面积最大的省份为山东省，总种植面积为 90 万公顷。其次为辽宁省为 73.33 万公顷，其中日光温室规模突破 53.33 万公顷，位居全国首位。设施蔬菜种植面积较大的省份还有河北省和河南省，种植面积分别为 40 万公顷和 39.2 万公顷。

与传统加温温室相比，我国独创的节能日光温室每亩均节约标准煤 25 吨，2013 年我国节能日光温室面积 100 万公顷，节能日光温室共节约标准煤 3.7 亿吨，等于少排放 9.7 万吨二氧化碳、316 万吨二氧化硫、274 万吨氮氧化物，与现代化温室相比节能、减排贡献额提高 3～5 倍。

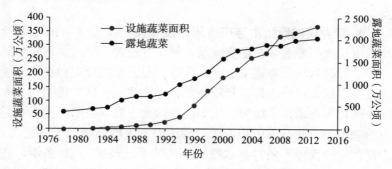

图 1-7　我国露地和设施蔬菜面积增长情况

三、我国设施蔬菜发展中存在的问题

1. 设施结构不合理、生产安全性较差　我国设施栽培生产多采用简易型日光温室和竹木结构塑料拱棚，设施简陋、空间小、作业不便、产出率低，缺乏有效抵御冬春低温、高湿、寡照和积雪，夏秋季高温等不利气候的措施。

2. 设施机械化水平和环境调控能力差　我国塑料大棚和日光温室普遍缺少必要的温、光、水、气等环境调控设备；由于空间小，导致机械化程度极低，人均管理面积小，劳动强度大、生产率低，温室作物单产与国际水平差距较大。据统计，我国设施番茄每年平均产量为184吨，而荷兰设施番茄每年产量可高达484吨，我国设施黄瓜产量也仅为高产国家的1/4。

3. 水肥投入过量，威胁环境与土壤健康　我国设施栽培普遍采取大水大肥的水肥管理模式，设施温室化肥投入量（纯量）超过5 000千克/公顷，氮肥利用率不足15%。大量的肥料随灌溉水进入地下水，威胁饮用水健康。由于设施栽培化肥的不合理使用以及多年连作，加之土壤管理措施不当，导致土壤次生盐渍化、土传病害严重、土壤板结及酸化等一系列土壤健康问题，影响产量的提高，降低农产品品质，阻碍设施蔬菜可持续发展。

4. 农业现代新技术推广应用普及率低　由于一方面农业新技术应用效果差或存在配套问题，另一方面农民对新事物接受能力差，导致我国设施蔬菜生产在环境控制、水肥管理和栽培管理等方面多依靠经验进行。基质栽培、无土栽培、自动化控制、水肥一体化等技术推广缓慢。比如，我国无土栽培技术在设施园艺中的应用规模和范围极小，面积约占温室大棚面积的千分之二，产量和质量优势不明显。水肥一体化技术已经推广20多年，技术也已经成熟，但是目前在设施蔬菜中推广应用还不足10%。而且在应用水肥一体化设备的温室中，农民依然采用经验浇水、施肥的现象普遍存在，使该技术节水、节肥的作用大打折扣。

5. 组织化程度不高，缺乏标准化生产规程，劳动生产率低下　目前，我国设施蔬菜产业仍以个体农户分散经营为主，在水、肥、药及栽培管理等方面，完全凭经验进行，主观差异大。规模化、产业化的水平较低，不利于高产高效优质环保。

四、设施蔬菜生产发展趋势

1. 设施规模化 一方面单个温室或大棚面积增大，近几年在设施蔬菜种植典型开始建造单个面积大于 4 亩的日光温室，宽度和高度大大增加，为机械化提供了条件。另一方面，实行园区化和适度规模化生产，一个园区以 5～20 公顷为宜，加强相配套的基础建设，建立完善的水肥药统一供给管理系统，提高劳动生产率。

2. 技术标准化，管理精准化 由传统经验管理到按规程标准化生产，制定良种与良法配套、水与肥配套、光温与栽培配套等技术规范，引入信息技术，建立各环节量化标准，一方面有利于蔬菜的高产优质和水肥等资源的高效利用，另一方面简化农业产业化生产过程中的人工管理，提高生产效率。

3. 操作机械化 设施蔬菜机械化生产一方面用机械代替人工，比如目前应用比较多的自动卷帘机、自动放风装置等。另一方面，要通过各种措施，千方百计地降低人工投入，促进产业化发展。比如，引进熊蜂授粉解决点花的问题，通过育种或栽培途径解决打岔、吊蔓的过程，通过机械或智能装置解决放蔓与采摘的问题等。

第二节 设施蔬菜绿色增产潜力及技术分析

2015 年 2 月，农业部发布了《农业部关于开展绿色增产模式攻关的意见》，要求农业生产中集成推广高产高效、资源节约、环境友好的技术模式，促进生产与生态协调发展，探索有中国特色的粮食可持续发展之路，切实保障国家粮食安全。为此，农业部随后出台了《到 2020 年化肥使用量零增长行动方案》，提出力争到 2020 年，主要农作物化肥使用量实现零增长的目标。设施蔬菜生产中节肥潜力巨大，对实现国家化肥零增长目标有举足轻重的作用。目前，设施蔬菜化肥投入过量严重，据统计，每年设施菜菜地氮肥投入量在 1 500 千克/公顷以上，是蔬菜吸收量的 3～4 倍。过量施肥不仅浪费资源，而且导致土壤退化、蔬菜产量和品质降低等现象。因此，无论从国家要求还是从农民切身利益来说，都急需改进施肥方式，提高肥料利用率，减少不合理投入，保障绿色增产。

一、设施蔬菜绿色增产潜力分析

按照农业部绿色增产的要求，设施蔬菜绿色增产一方面要减少肥料用量，另一方面还要增加产量。调研显示，农民对蔬菜继续增产信心不足，普遍认为增产的可能性不大，更不用说还要降低肥料投入。据联合国粮食及农业组织（FAO）最新统计数据，比利时、荷兰和英国每年番茄单产在 400 吨/公顷以上，美国、以色列等国家单产也达到 80 吨/公顷左右，而我国年均番茄产量仅有 52 吨/公顷，居世界排名第 44 名（图 1-8）。我国番茄产量偏低的原因，一方面是因为统计数据中包括了露地番茄，而欧洲高产番茄多来自设施栽培，另一方面我国番茄生长期较欧洲等国家生长期短，而番茄单产与生长期成正比。据统计，我国番茄生长期多集中在 110～125 天，为了便于国内外的比较，将所有番

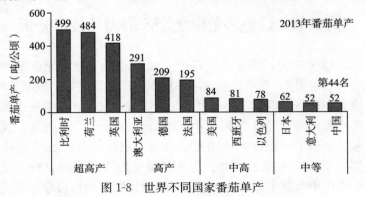

图 1-8　世界不同国家番茄单产

茄产量折算成 125 天的产量见图 1-9。可见我国设施番茄一季的产量平均为 92 吨/公顷，与我国现有报道的最高产量还有 104％的增产空间，与调研高产相比，还有 50％的增产空间，可见设施番茄增产潜力巨大。

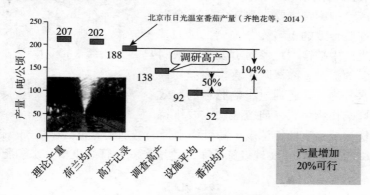

图 1-9　设施番茄增产潜力分析

二、实现蔬菜绿色增产的措施

据调查，限制设施蔬菜增产因素主要有天气、温室种植年限、土传病害（根结线虫）、病虫害及施肥等（图 1-10）。种植

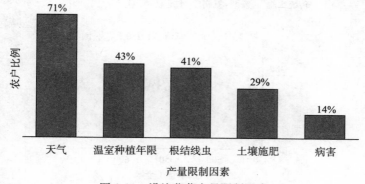

图 1-10　设施蔬菜产量限制因素

年限对产量的限制主要是因为土壤退化所致，包括次生盐渍化、酸化及土壤板结等。在番茄、黄瓜等作物上，土传病害（根结线虫）也是主要限制因素之一（图 1-11）。施肥对产量的影响主要表现在由于不合理的施肥导致的土壤养分失调，比如番茄生产中缺镁的现象时有发生，限制产量的提升。灌溉除了直接为作物供应水分之外，还通过影响肥料的有效性影响作物生长。研究表明，要维持

图 1-11　受根结线虫侵染的番茄根系

土壤根层适宜的氮浓度，随着浇水量的增加施氮量必须增加（图1-12）。因此，要实现设施蔬菜绿色增产就要管好土壤、水和肥。

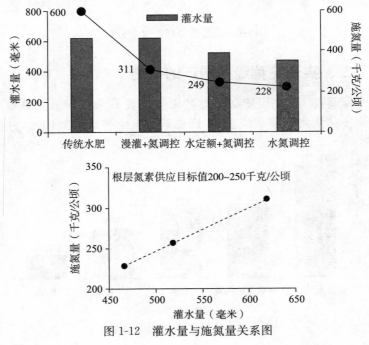

图 1-12　灌水量与施氮量关系图

管土主要包括降低土壤盐渍化程度、防止土壤酸化以及调节土壤养分和微生物平衡，提高土壤碳氮比，防止板结等。主要技术措施包括通过根层调控降低化肥施用量、施用高碳氮比有机物料提高土壤碳氮比、施用土壤调理剂和微生物肥料等修复退化土壤等。

管水包括合理的灌溉技术与灌溉制度。节水灌溉技术包括微喷灌、滴灌和小管出流等方式，目前设施蔬菜种植中采用微喷灌的较多，但滴灌更有利于节水节肥。灌溉制度要根据种植季节及作物需水特性进行制定，以番茄为例，在冬季每次灌溉 20～30 毫米，隔 10 天灌一次即可满足番茄需水，但是在夏天每次灌水量需 30 毫米以上，时间间隔 7 天左右。

只有在管好水的基础上才能管好肥，尤其是氮肥。管肥包括合适的施肥量、施用配比等。一方面要考虑有机肥和土壤供肥能力，另一方面还要考虑作物的需肥特性。

目前设施蔬菜栽培多采用畦栽模式，这样有利于大水漫灌，即使采用滴灌模式，由于受传统思想的影响，大多仍然采用畦栽的方式。另外，同一作物在不同农户种植下密度差别很大，缺乏品种与栽培方法的配套研究与应用。因此优化栽培管理，促进根系生长、提高光能利用率、调整库源关系，做到良种与良法配套、水肥土管理与栽培管理配套等对产量提高意义重大。

另外，光照和温度等环境因素对产量影响巨大，虽然在我国目前设施栽培条件下难于调控，但是将来可通过材料优化、设施改造等措施加以实现，促进设施蔬菜产量的提高（图 1-13）。

三、绿色增产技术体系与效果

2002—2014 年，我国学者围绕设施蔬菜高产高效做了一系列的研究与示范推广工作，于 2002 年开始设施蔬菜氮素根层调控技术的研究，并且于 2004 年年初提出设施番茄的氮素供应

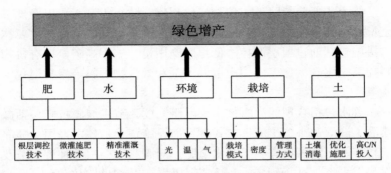

图 1-13　蔬菜绿色增产的技术措施

目标值，而后通过试验优化，2006 年提出漫灌模式下基于根层调控的氮素管理技术。与此同时，大力研究推广水肥一体化技术，结合农田基本设施，在设施栽培中推广发展了微喷灌施肥技术，达到节肥 30% 以上的效果。鉴于氮肥随灌水量的减少，淋溶损失降低的特性，在 2008 年，我国学者将水肥一体化技术与氮素根层调控技术相结合，提出了以氮素调控为核心的微灌施肥技术，使水肥投入同步降低 30% 以上，并且保障产量。随后，为了免于频繁测土，便于操作，在大量试验的基础上，结合设施栽培现实情况，于 2011 年提出了设施番茄定额水肥管理技术，在操作简便可行的同时大大地降低水肥资源投入。与此同时，针对设施碳氮比低、酸化和次生盐渍化等土壤退化现象严重的问题，优化推广了高碳氮比有机物料还田、石灰氮及填闲作物还田的技术，促进设施蔬菜可持续生产。通过以上技术降低了水肥投入 40% 以上，水肥利用率明显提高，土壤退化有所缓解。但是在增产方面效果稍差，仅增产不到 10%或与传统栽培产量没差异，因此需要在今后除了继续加强设施蔬菜土肥水管理之外，还需要通过改善光温环境、良种与良法配套、轻简化栽培等技术提高蔬菜产量，达到绿色增产的目的（图 1-14）。

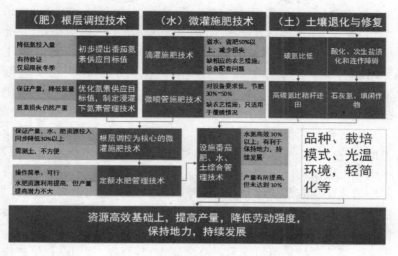

图 1-14 设施番茄绿色增产技术体系

第三节 微灌施肥发展现状

一、灌溉施肥的基本概念及其特点

灌溉施肥（Fertigation）是将施肥（Fertilization）与灌溉（Irrigation）结合在一起的一项农业技术，它是借助压力灌溉系统，在灌溉的同时将由固体肥料或液体肥料配兑而成的肥液一起输入到作物根部土壤的一种方法。灌溉施肥可实现水肥同步，省工省力的目的。灌溉施肥有多种方法，如地面灌溉施肥、喷灌施肥和微灌施肥。

所谓微灌（MIS，Micro-irrigation system），即"利用专门设备，将有压水流变成细小的水流或水滴，湿润作物根部附近土壤的灌水方法"。微灌有四种形式：滴灌（Drip or Trickle Irrigation）、微喷灌（Micro-Sprinkler or Micro-Jet Irrigation）、脉冲微喷灌（也叫涌泉灌溉）（Bubbling Irrigation）和渗灌（Bleeding Irrigation)。微灌施肥（Fertilization＋Irrigation＝Fertigation）是借助微灌系统，将微灌和施肥结合，利用微灌系统中的水为载体，在灌溉的同时进行施肥，实现水和肥一体化利用和管理，使水和肥料在土壤中以优化的组合状态供应给作物吸收利用。在我国，微灌施肥技术又称为"水肥一体化技术"。

微灌具有流量小、每次灌水时间长、灌水均匀度高、工作压力低的特点。微灌属于局部灌溉类型，地表不产生积水和径流，不破坏土壤结构，土壤中的养分不易被淋溶流失。一般来说，可溶性的化肥、农药、除草剂、土壤消毒剂等农用化学物品都可以借助灌溉系统施用（统称为 Chemigation）。在我国目前应用最普遍的是微灌施肥，也有微灌施用农药的试验报道。

微灌施肥技术可以明显提高灌溉水和肥料的利用率；促进作物增产，改善产品品质；减少田间作业用工。该技术适用于设施栽培、无土栽培、果树栽培以及干旱沙漠地区等多种栽培条件。由于可以根据作物的营养需求规律，该项技术有效地控制施肥量、施肥时间和灌水量，避免了化肥淋洗造成土壤和地下水污染，以及过量施肥和灌溉带来的土壤板结等问题。另外，微灌施肥还有操作简单、易于实行自动化控制的特点，为规模化精准农业的发展提供了保障。

二、我国微灌施肥技术发展历史

我国于 1974 年引进微灌施肥技术。到目前为止，该技术的推广应用大体经历了以下 3 个阶段：

第一阶段（1974—1980 年）：引进滴灌设备，并进行国产设备研制与生产，开展微灌应用试验。1980 年我国第一代成套滴灌设备研制生产成功。

第二阶段（1981—1996 年）：引进国外先进工艺技术，设备国产规模化生产基础逐渐形成。微灌技术由应用试点到较大面积推广，微灌试验研究取得了丰硕成果，在部分微灌试验研究中开始进行灌溉施肥内容的研究。

第三阶段（1996 年至今）：灌溉施肥的理论及应用技术日趋被重视，技术研讨和技术培训大量开展，灌溉施肥技术大面积推广。至 2001 年，灌溉施肥技术得到较快发展，全国微灌面积达 26.7 万公顷，1996—2001 年期间推广面积是前 20 年总和（7.3 万公顷）的 2.7 倍。据地方调查结果推测，其中微灌施肥面积已经占到微灌面积的 25.8％（表 1-1）。特别是微灌施肥技术在西北干旱区迅速推广，新疆创造了农田大面积应用滴灌施肥技术规模上的世界第一（国务院研究室，2001）。至 2014 年，全国微灌面积达 7 000 万亩，微灌施肥技术已经由过去局部试验示范发展为大面积推广应用，辐射范围由华北地区扩大到西北干旱区、东北寒温带和华南亚热带地区，覆盖了设施栽培、无土栽培、果树栽培，以及蔬菜、花卉、苗木、大田经济作物等多种栽培模式和作物。在经济发达地区，灌溉施肥技术水平日益提高，涌现了一批设备配置精良并实现了专家系统智能自动控制的大型示范工程。

表 1-1　2001 年全国微灌与灌溉施肥面积

	设施栽培	果树	经济作物	其他	合计
微灌面积（万公顷）	4.7	12.0	8.7	1.3	26.7
灌溉施肥（万公顷）	3.7	1.3	1.8	0.1	6.9
灌溉施肥比例（％）	78.7	10.8	20.7	7.7	25.8

三、国外微灌技术的发展和现状

在微灌之中，渗灌出现得最早。1860 年在德国首次利用排水瓦管进行地下渗灌试验，使种植在贫瘠土壤上的作物产量成倍增加。这项试验连续进行了 20 多年。1920 年在水的出流方面实现了等一次突破，研制出了带有微孔的陶瓷管，使水沿管道输送时从孔眼流入土壤。1923年苏联和法国也进行了类似的试验，研究穿孔管系统的灌溉方法，主要是利用地下水位的改变来进行灌溉。

1934年美国研究用多孔帆布管渗灌。自1935年以后着重试验各种不同材料制成的孔管系统，研究根据土壤水分的张力确定管道中流到土壤里的水量。荷兰、英国首先应用这种灌溉方法灌溉温室中的花卉和蔬菜。

第二次世界大战以后，塑料工业迅速发展，出现了各种塑料管。由于它易于穿孔和连接且价格低廉，使灌溉系统在技术上实现了第二次突破，成为今天所采用的形式。到了20世纪50年代后期，以色列研制成功长流道管式滴头，在滴灌技术的发展中又迈出了重要的一步。70年代以来许多国家对滴灌开始重视，滴灌得到了快速发展，获得了广泛的应用。

微喷灌出现的较早，在滴灌出现以前，以色列就重点研究过。1969年首先在南非研制试用，1976年被美国列为专利，70年代在世界上得到了发展，80年代以后得到了进一步完善和大面积的推广应用。近10年来，微灌作为新兴的灌溉技术在世界各国得到了较快的发展。根据国际灌排委员会的微灌工作组所作的三次调查，1991年世界微灌面积为1 768 987公顷，比5年前增长了63%，比10年前增长了329%。尽管至今微灌在世界总灌溉面积中所占的比重很小，不到0.8%，但其增长率远高于其他灌溉技术。目前美国的微灌面积最大，为606 000公顷从1986年至1991年增加了55%。其他国家微灌面积排序为：西班牙（160 000公顷）、澳大利亚（147 011公顷）、南非（144 000公顷）、以色列（104 302公顷）。这些为微灌面积较大的国家，超过40 000公顷以上的国家还有意大利、埃及、墨西哥、日本、印度、法国和泰国。以微灌面积占各国总灌溉面积的比重来排序，则塞浦路斯所占比重最大，为71%。以后为以色列（51%）、约旦（21％）、南非（13％）。美国、西班牙和澳大利亚微灌占总灌溉面积的3％～8％。微灌的应用仍以经济作物为主，各类作物所占比例为：果树为55.4％、蔬菜（包括大田和温室）为12.5％、大田作物（包括棉花、甘蔗等）为7％、花卉（包括苗圃和温室）1.5％、其他作物（包括玉米、花生、药材等）为23.6％。

四、微灌施肥技术特点及效果

微灌条件下的土壤水、肥运行规律与大水漫灌有很大不同，这些不同带来了灌溉和施肥理论和方法革命性变化，因而成为一种全新的灌溉施肥技术。

1. 微灌施肥技术特点

（1）局部灌溉 微灌灌水集中在作物根系周围，土壤的湿润比依据作物种植特点和微灌方式确定，一般为30％～90％，也就是说，在微灌条件下，一部分土壤没有得到灌溉水，有效地减少了灌溉量。在地下部分，因作物根系分布深度不同，水的湿润深度在30～100厘米，减少了深层渗漏和侧面径流。局部灌溉可造成局部土壤pH的变化和土壤养分的迁移，并在湿润区的边峰富集。

（2）高频率灌溉 由于每次进入土壤中的水量比较少，土壤中贮存的水量小，需要不断补充水分来满足作物生长耗水的需要。在高频率灌溉情况下，土壤水势相对平稳，灌溉水流速保持在较低状态，可以使作物根系周围湿润土壤中的水分与气体维持在适宜的范围内，作物根系活力增强，有利于作物的生长。

（3）施肥量减少 作物根系主要吸收溶解在土壤水中的养分，微灌条件下，肥料主要施在作物根系周围的土壤中。微灌施肥每次施肥量都是根据作物生长发育的需要确定，与大水漫灌冲肥相比既减少了施肥量，又有利于作物吸收利用，大水漫灌造成的肥料流失现象基本不存在。

(4) 施肥次数增加 微灌使土壤水的移动范围缩小，在微灌水湿润范围之外的土壤养分难以被作物吸收利用。要保证作物根系周围适宜的养分浓度，就要不断地补充养分。在微灌施肥管理中，要考虑作物不同生育期对养分需求的不同及各养分之间的关系，因此，微灌施肥技术使施肥更加精确。

2. 微灌施肥技术效果 实践证明，微灌施肥技术具有节水、节肥、节药、省工、增产和改善品质等优点。据山东省近十年示范效果表明，采用微灌施肥技术与常规施肥灌水相比平均亩节水 49 米³，节水 30%～40%；平均亩节肥（折纯）31.5 千克，节肥 30%～50%，氮肥利用率平均提高 18.4%，磷肥提高 8%，钾肥提高 21.5%；由于降低了棚内空气湿度、提高了温度，病虫害传播和发生程度减轻，打药次数减少 1/4～1/3；另外，可明显减少灌水、施肥、打药、整地等劳动用工，亩减少劳动用工 15～20 个；平均增产 10%～25%，平均亩增产果品 440 千克、蔬菜 860 千克，扣除设备分摊费用，蔬菜平均每亩增收 800 元，果树每亩增收 640 元；由于土壤的水肥供应条件稳定，农产品品质和商品性明显改善。据乳山市测定，苹果单果重平均增加 33 克，增重 12.3%，硬度增加 1.3 千克/厘米²，提高了 13.1%，苹果 70% 以上着色面增加了 13.3%。据招远市测定，滴灌施肥黄瓜的维生素 C 含量明显较高，比沟灌冲肥每 100 克增加 0.8 毫克，提高了 6%。

【参考文献】

郭世荣，孙锦，束胜，等 . 2012. 我国设施园艺概况及发展趋势 . 中国蔬菜
　（18）：1-14.

汤吉利，施乃志 . 2001. 根部滴灌内吸杀虫剂防治杨扇舟蛾等害虫试验 . 江
　苏林业科学（6）：26-28.

王闯，孙皎，王涛，等 . 2014. 我国蔬菜产业发展现状与展望 . 北方园艺

（4）：162-165.

王留运，叶清平，岳兵．2000．我国微灌技术发展的回顾与预测．节水灌溉
　　（3）：3-7.

喻景权．2012．"十一五"我国设施蔬菜生产和科技进展及其展望．中国蔬
　　菜（2）：11-23.

张金锦，段增强．2011．设施菜地土壤次生盐渍化的成因、危害及其分类与
　　分级标准的研究进展．土壤（3）：361-366.

张真和，陈青云，高丽红，等．2010．我国设施蔬菜产业发展对策研究
　　（上）．蔬菜（5）：1-3.

[第二章]
设施菜地土壤健康与管理

第一节 土壤质量与土壤健康

土壤是地球表面能够生长绿色植物的疏松多孔介质，是地球表面活的自然体。自然环境下成土过程进行得非常缓慢，在土壤母质、气候、地形和植被的共同作用下，平均100～400年才能形成1厘米厚的土壤。而形成表层15～20厘米的土层，至少需要几千年，因而在一定时间范围内土壤是不可再生的资源。

我国土壤科学工作者结合自己的实际，给出了土壤质量的定义为：土壤提供食物、纤维和能源等生物物质的土壤肥力质量，土壤保持周边水体和空气洁净的土壤环境质量，土壤消纳有机和无机有毒物质、提供生物必需元素、维护人畜健康和确保生态安全的土壤健康质量的综合量度。土壤的肥力功能、净化作用和对污染物的消纳都离不开土壤生物的贡献。土壤中存在种类多、数量大的生物群体，构成了与地上生态系统完全不一样的土壤生态系统。土壤生态系统是陆地生态系统形成的重要组成部分，使土壤具有重要的生态系统服务功能，体现在参与物质的生物地球化学循环和对污染物质的净化作用等功能。其系统的稳定性直接影响着整个生态系统的物种多样性和稳定性，且对维持大气、水体的环境质量具有重要作用。由于受人类活动影响，在利用土壤进行植物生产的过程中，经常忽略土壤的生态服务功能。而且，目前作物种植体系中，只考虑了资源的高投入，获取高利润，仅仅把土壤作为一个生长介质，而没有考虑其土壤的肥力功能，更不会顾及土壤其他的生态服务功能。

与土壤质量作为一个专一性的特定术语被土壤学家同时关注的，还有土壤健康。其实土壤健康早就被植物保护学者用过，主要是针对土传病害而言，土传病害严重发生的土壤就是不健康的土壤。

土壤质量主要强调土壤的"运行能力"，而土壤健康更多的是强调土壤作为一个活的自然体的资源属性，具有有效性和动态特征。土壤健康是对土壤生态系统在全球生态系统服务功能的作用深入认识的结果。土壤学界对土壤健康的定义主要有以下2种。一种是认为土壤健康与土壤质量2个术语之间可以互换，只是前者更强调土壤是活的；或者是广义上的土壤质量的概念，只是具体表述上与土壤质量有所不同。Doran（2002）认为，土壤健康是指在自然或管理的生态系统边界内，一个充满活力的土壤所具有的保持生物持续生产，维持水体和大气环境，促进植物、动物和人类的持续能力。与土壤质量的定义不同，土壤健康强调土壤是有生命的，土壤的功能应该是连续的。在评价土壤健康时，也建议考虑土壤生物及其过程对农业可持续发展、生态系统功能的充分发挥以及维持当地、区域和全球的环境质量的重要作用。但是，其评价参数却基本上与土壤质量的指标体系相同。

关于土壤健康的另一种定义是Kibblewhite等2008年提出来的。具体表述为：一个健康的农业土壤即支撑满足人类对食物和纤维生产在质量和数量上的需求，同时发挥维持人类的生活质量和保护生物多样性的生态服务功能。他们定义的土壤生态服务功能包括碳转化、养分物质循环、土壤结构维持和有害生物、病原生物的调节，与之相对应的土壤生物功能类群分别是各类分解者（细菌、真菌、食微生物动物和腐屑生物）、养分物质循环的参与者（分解者、营养元素转化者、固氮菌和菌根真菌）、生态工程师（各类土壤动物和微生物）和生物群落的调节者（捕食者、食微生物动物和重寄生生物）。尽管相对于每一种生态服务功能，有各自的关键土壤生物功能类群，然而它们并非各自独立运行，而是组成了一个复杂的土壤生态系统——土壤食物网结构。加上土壤生物之间存在着复杂的相互作用，形成了一个高度综合的体系。土壤健康除了与农业生产和环境保护有关的基本功能之外，还强调了土壤生物不容忽视的生态贡献，从而为全面土壤生物的基本功能和生态服务作用提供了理论依据。

在设施蔬菜种植体系中，高投入和高强度种植导致土壤质量持续恶化，主要表现在土壤物理和化学性状上，也表现在土壤生态系统的退化、生物学障碍及土壤健康问题，对我国设施蔬菜种植体系土壤的可持续利用及其蔬菜品质构成了较大的威胁。

第二节　设施菜地土壤健康现状及其危害

一、设施菜地次生盐渍化

目前，菜地土壤次生盐渍化现象严重，调查发现，温室、大棚栽培条件下，土壤表面常有大面积白色盐霜出现，有的甚至出现块状紫红色胶状物紫球藻，紫球藻着生的土壤表层含盐量一般在1%以上。随着设施栽培年限的增加，土壤次生盐渍化现象日益加重，影响了蔬菜的产量和品质，阻碍蔬菜生产的可持续发展，其中以山东寿光、辽宁新民、四川双流等设施土壤的盐渍化程度最为严重（表2-1）。

表2-1　设施土壤耕层（0～20厘米）含盐量及电导率

地区	样本数	类型	含盐量（克/千克）	电导率（毫西门子/厘米）
山东寿光	18	设施土壤	0.68～6.01	0.26～1.56
		露地土壤	0.52～0.66	0.10～0.14

（续）

地区	样本数	类型	含盐量（克/千克）	电导率（毫西门子/厘米）
辽宁新民	20	设施土壤	0.61～2.64	0.14～0.80
		露地土壤	0.33～0.67	0.08～0.19
四川双流	15	设施土壤	0.65～2.27	0.14～0.50
		露地土壤	0.39～0.60	0.08～0.12

设施蔬菜种植体系中，因菜农的不合理大量施肥和灌溉，土体中大量盐类，在强烈蒸发作用下向地表积累的现象为次生盐渍化。设施栽培蔬菜大棚土壤发生次生盐渍化后，土壤干燥时土壤表层有明显的白色粉状盐，土壤耕作层电导率（EC）一般在 10 毫西门子/厘米以上，土壤经常伴有紫红色的胶状物。如陕西省汉中市不同种植年限的蔬菜大棚和一般农田土壤耕层可溶性盐分的测定结果表明，大棚菜地土壤盐分含量还在不断增加。而山东省寿光市不同种植年限设施菜地的土壤全盐平均含量高达 2.47 克/千克，与露地菜地、自然土相比有较明显的盐渍化现象。江苏省张家港市蔬菜园艺场的大棚与露地土壤采样测定结果表明：大棚土壤有机质、全氮明显高于露地，平均高出 42.6% 和 48.5%，速效磷和速效钾呈高度富集状态，均超过 200 毫克/千克，盐分总量在 3 克/千克以上。哈尔滨市市郊蔬菜大棚土壤总盐量是露地的 2.1～13.4 倍，并随棚龄的延长而增加，在 8 年以上连作大棚中土壤大部分已经出现盐渍化，土壤含盐量已达到严重危害作物生长的程度。由此可见，当前设施园艺土壤的次生盐渍化发生程度虽因地域不同而存在一定差异，但次生盐渍化现象却已经成为我国设施园艺土壤普遍存在的一个土壤退化问题。

土壤次生盐渍化不仅会破坏土壤结构，还会对蔬菜的生长和土壤微生物活性产生不利的影响，进而导致作物产量和品质的下降以及土壤质量的降低。一般来说，土壤中盐分的积聚将会提高土壤溶液的渗透压，从而缩小与作物根系的渗透压差，轻则影响作物对水分和养分的正常吸收，重则导致作物凋萎死亡。最近的研究表明，在高盐分浓度（200 毫摩尔/升）胁迫下，设施番茄的产量和品质均会出现显著的下降。另外，随着盐分的积累，土壤溶液中养分离子间的竞争和拮抗作用影响植物对养分的正常吸收，并造成植物营养失去平衡和生长发育不良。据报道，Cl 离子能抑制作物对硝酸根和磷酸根的吸收，进而影响植物正常的氮素和磷素吸收，造成产量损失。高秀兰等也报道，盐渍化易导致保护地土壤的养分平衡失调，诱发作物缺素症或中毒症。土壤盐分的积累还会抑制土壤微生物的活性，影响土壤养分的有效化过程，从而影响土壤对作物的养分供应。另外，当土壤电导率（EC）上升到 5 毫西门子/厘米以上时，土壤微生物活性会受到强烈抑制，葡萄糖分解速率会显著下降。单就硝化细菌而言，当 EC 上升到 2 毫西门子/厘米时，硝化反应即受到强烈抑制。此外，随着土壤盐分的积累，加上大水漫灌，会大大增加对周边水体污染的风险。

1. 次生盐渍化影响蔬菜水分和养分的吸收　通常表现是生理干旱，尤其是在高温、强光照情况下，生理干旱现象表现得更为严重。这是因为次生盐渍化土壤中可溶性盐类过多，渗透势增高而使土壤水势降低，引起植物根细胞吸水困难或者脱水。蔬菜发生生理干旱后易引起生长发育不良，植株抗病性下降，病虫害加重等后果，严重影响蔬菜的产量和品质。作物所需的养分一般都是伴随水分进入植物体内，盐分过多，影响作物吸收水分，因此也影响作物对养分的吸收。

2. 导致蔬菜硝酸盐累积，降低品质　土壤 NO_3^- 过量累积，使蔬菜体内硝酸盐积累，品质变劣，降低蔬菜的市场竞争力；人体摄入的硝酸盐在细菌作用下可还原成亚硝酸盐，亚硝酸盐可与人和动物摄取的胺类物质在胃腔中形成强力致癌物——亚硝胺，从而诱发消化系统癌变，危害人类自身的健康。

3. 抑制微生物活性　土壤中的盐分抑制土壤微生物的活动，

影响土壤养分的有效化过程，从而间接影响土壤养分供应。随着土壤含盐量的增加，首先抑制土壤微生物活动，降低土壤中硝化细菌、磷细菌和磷酸还原酶的活性，从而使氮的氨化和硝化作用受抑制，土壤有效磷含量减少，硫酸铵和尿素中氨的挥发随之增加。如氯化物盐类能显著地抑制氨化作用，当土壤中NaCl 达到 2.0 克/千克时，氨化作用大为降低，达到 10 克/千克时氨化作用几乎完全被抑制，而硝化细菌对盐类的危害更加敏感。

4. 污染环境，威胁农业生态健康 土壤发生次生盐渍化，会对周围生态环境造成不良影响。土壤中部分盐分离子，在大水漫灌条件下会被淋溶到深层土壤或地下水中，对地下水造成污染。在长期设施栽培条件下，氮素淋溶可导致地下水硝态氮污染。另外，过量硝态氮还造成氮氧化物等温室气体大量释放，使温室内有害气体聚集量增加，对蔬菜生长产生直接危害。土壤磷过量累积对环境也会带来潜在的威胁，一方面在质地较粗的土壤中可以发生磷的淋失；另一方面，土壤侵蚀和地表径流会将表土中的磷素带入水体，引起富营养化。

二、土壤酸化

目前，菜地土壤酸化现象严重，全国各地均有报道。以寿光为例，寿光设施栽培菜地土壤 pH 平均为 6.86，而露天菜地与自然土则分别为 7.86、7.68，设施栽培后土壤的 pH 明显低于露天菜地和自然土。在辽宁沈阳，设施菜地土壤酸化趋势明显，设施蔬菜栽培 6 年后，土壤 pH 从 6.5 降低至 5.5 以下，超过了蔬菜出现生理障碍的临界土壤 pH（5.52）。土壤酸化一方面影响土壤养分循环及微生物生态平衡，另外导致土壤病害，如根结线虫危害严重，降低蔬菜产量。

近年来，我国北方地区设施菜田土壤酸化较为普遍，对山东省寿光市的日光温室的调查表明，设施大棚表层土壤的 pH 随棚龄的增长而明显降低（图 2-1），1 年棚龄 pH 为 8.0，4 年棚龄的 pH 为 7.0，8 年棚龄的 pH 为 6.6，而 12 年棚龄的 pH 为 6.4，保护地土壤 pH 较露地平均下降了 0.67。2005—2006 年，山东省寿光市和青岛农业大学合作进行的全市范围内土壤调查发现，与农田相比，设施菜田土壤的 pH 下降更为严重。2 430 个大样本调查数据显示，设施菜地中近 60% 的样本土壤 pH 比粮田土壤下降了 0.5 pH 单位；此外，设施菜地中 20% 样本土壤 pH 介于 6.0～6.5，粮田中 32% 的样本土壤 pH 则为 7.5～8.0。由于人为不合理的干扰，在我国大部分地区，设施菜田土壤酸化现象较为普遍，且随着种植年限的延长，日趋严重。

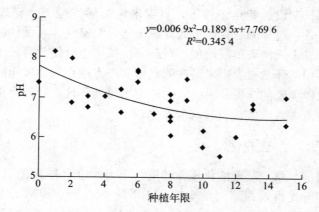

$$y=0.006\ 9x^2-0.189\ 5x+7.769\ 6$$
$$R^2=0.345\ 4$$

图 2-1　山东寿光设施大棚表层土壤的 pH 随棚龄变化趋势

1. 土壤酸化对植物生长的直接影响　一般认为，每一种作物都有生长所需要的最适宜土壤 pH 范围，在这个范围内，作物的生长潜力能够达到最大化。大多数蔬菜作物最适宜的土壤 pH 范围为 6.0～6.5。同样，每种作物都有一个临界酸度（pH），当土壤 pH 低于这个值时，作物会受到不同程度的 H^+ 毒害。对蔬菜而言，藩以楼调查了 25 种蔬菜作物发现，对绝大多数蔬菜而言，土壤 pH 的临界酸度为 5.0，如果低于这一酸度，蔬菜则生长不良甚至不能生长。此外，土壤在其酸度提高的同时，活性铝和某些重金属元素溶出量也会增加，从而降低蔬菜品质，严重时甚至会引起植物中毒死亡。

2. 土壤酸化对养分损失的影响 酸化会加速土壤盐基离子（Ca^{2+}、Mg^{2+}、K^+、Na^+ 和 NH_4^+）的淋失，从而导致养分库的损失，造成土壤养分贫瘠并降低作物产品品质；同时也可能造成土壤结构的破坏，并由此降低对土壤有机质的物理保护作用，使其分解加快，并增加了养分有效性和移动性，但由于有效态养分增加的比例不当，容易引起养分间的不平衡。

3. 土壤酸化对生物学性质的影响 土壤 pH 改变后还会对土壤生物种群结构，特别是功能类群产生一定的影响，从而在一定程度上改变了土壤的生物化学过程和物质循环方向等。如土壤 pH 会影响土壤微生物种类的分布及其活动，特别是土壤有机质的分解、氮和硫等营养元素及其化合物的转化关系尤为密切。在酸性土壤中，由于硝化菌对低 pH 较为敏感，从而造成土壤亚硝酸的积累，进而对作物和土壤生物产生毒害。

由此可见，土壤酸化对蔬菜生长和土壤过程的影响是多方面的，它除了会对蔬菜生长产生直接影响外，还会使许多物质的溶解度增加并对土壤的肥力因素、环境容量和生物学性质产生影响，进一步改变土壤中物质的生物地球化学循环。酸化的土壤虽然容易改良，但土壤的非均质性还是会引起某种不利过程的发生，只是影响程度降低而已。而且，通常测定土壤 pH 时多点土壤混合样且充分混匀条件的测定结果，难以反映土壤中微域 pH 的变化，由于各种管理措施和土壤性质的空间变异，使得局部土壤的 pH 会大大高于或低于平均值。因而，虽然总体上来看土壤 pH 变化幅度不大，但实际上的影响有可能是显著的。菜地土壤酸化与土壤的次生盐渍化已成为限制当地保护地生产可持续发展的重要因素。

三、土壤板结

土壤板结是指土壤表层在灌水或降雨等外因作用下结构破坏、土粒分散，而干燥后受内聚力作用土体紧实的现象。土壤板结使土面变硬，透气性差，渗水慢，氧气不足，是蔬菜栽培中常见的一种土壤障碍，对蔬菜正常生长极为不利。

四、土传病害严重

由于长期连作，目前设施栽培中的土壤适耕性很差，经常出现由于土壤微生物区系失衡所引发的土传病虫害对作物根系的发挥和作物生产产生的负面影响。例如在高投入的蔬菜生产体系中，菜农势必追求高的经济效益，同时具有中国特色的"黄瓜村""大蒜村"等蔬菜生产地域分工的客观存在，再加上农民的蔬菜栽培技术的单一，连作已经是不可避免的现象。随着连作年限的延长，近些年土传病害发生严重，如黄瓜枯萎病、番茄枯萎病、辣椒疫病、根结线虫病等，尤其是寄生范围很广的根结线虫发生频繁，由于它的危害造成了农民收益的直接下降。据调查，山东寿光约50％以上的大棚中线虫危害严重，北京郊县也屡有根结线虫危害的报道。

第三节　设施菜地土壤健康问题成因及其治理

目前，我国设施蔬菜面积已超过5 000万亩，大棚蔬菜在丰富"菜篮子"的同时，也付出了较大的环境代价。菜农在产量和效益的驱动下，普遍过量或不合理使用化肥、农药，导致大棚菜地的土壤污染问题日益突出，由此引发的食品安全事件不断发生。其原因可分为直接原因和间接原因两方面，前者指农用投入品生产和使用上的问题，后者则贯穿于经营管理的各个环节。

一、土壤酸化原因及其治理

1. 土壤酸化原因及过程　土壤酸化是指由于土壤盐基离子的移出或酸性成倍增加导致的土壤酸中和容量下降的过程。它是由氢离子（H^+）在土壤中逐渐累积引起的，常表现为土壤的pH下降。自然状态下，岩石风化过程中释放的盐基离子中的一部分，伴随着 HCO_3^-、SO_4^{2-} 和 Cl^- 等阴离子，在元素地球化学大循环的作用下最终流向海洋或内陆湖泊，在土壤中留下由 CO_2 水解等化学过程和生物化学过程，非常缓慢，一般在千年的时间尺度上才发生明显变化。然而，大气环境污染和农业生产活动如施肥、灌溉和作物收获等，会大大加快这一过程，甚至在短短几年内土壤就可能酸化。设施菜田土壤发生酸化的主要原因，是硝酸根、盐基离子淋洗的严重发生和大量盐基离子随植物被移出土壤。在没有外界干扰的情况下，自然生态系统中养分在土壤—植物之间的闭合循环里并不导致土壤酸化。养分经作物吸收后，又以残体形式归还土壤，土壤中的酸碱收支基本保持平衡。在这个过程中尽管有可能发生一些质子的释放，但土壤本身的缓冲性，使得土壤溶液的酸碱变化非常微弱。当然，元素的地球化学大循环的结果，也会缓慢出现土壤酸化，但在百年的时间尺度内是难以发现的。在人为干扰强烈的设施农田土壤中，水氮投入过量，作物收获后收获物和残体被移出系统外，两种因素共同作用的结果导致设施蔬菜菜田酸化潜势增大，土壤酸化过程显著加快。

土壤酸化的主要过程是土壤盐基阳离子的移除和强酸性阴离子的积累。一是由于蔬菜产量高，对钾、钙、镁等元素需求大，而补充不足，导致了土壤中钙和镁等盐基阳离子消耗过度，蔬菜栽培中频繁的大水漫灌也加剧了钙镁等盐基阳离子的淋溶损失，使土壤向酸化方向发展；二是大量施用没有腐熟的畜禽粪等，产生有机酸，残留在土壤耕作层，随着栽培年限的增加，导致土壤酸化；三是大量施用酸性或生理酸性肥料。过磷酸钙本身含有

5％的游离酸，所以施到土壤后会使土壤 pH 降低。而生理酸性肥料如氯化铵以及氯化钾、硫酸钾等，施到土壤后因蔬菜选择性吸收铵（NH_4^+）和钾（K^+）较多，分泌释放质子，使土壤酸度增加。有研究表明，设施土壤 SO_4^{2-} 含量与 pH 变化存在极显著负相关，设施土壤中硫酸钾等生理酸性肥料投入过量，造成 SO_4^{2-} 在土壤中的累积是造成土壤酸化的重要原因。SO_4^{2-} 在设施土壤中的大量累积，不仅破坏了土壤的酸碱平衡，导致土壤酸化，而且容易造成 SO_4^{2-} 单盐毒害，也可能打破土壤的养分平衡，从而影响作物对养分的均衡吸收，最终导致作物产量与品质下降。另外，重施氮肥导致土壤严重酸化，并显著提高土壤铝铁含量。据研究，铵态氮施入土壤之后，经硝化作用释放出氢离子，从而降低土壤 pH。相同栽培条件下，不同氮肥品种的酸化能力表现为硫酸铵＞氯化铵＞硝酸铵＞尿素。大量的施用硝态氮后，硝态氮随水淋溶损失过程中带走大量的钙、镁盐基阳离子，也导致土壤酸化。

2. 土壤酸化的综合治理

（1）增施有机物料，提高缓冲能力 通过作物秸秆还田或施用腐熟的有机肥一方面可增加土壤保水保肥能力，减少钙镁等盐基阳离子的淋溶损失，减缓土壤酸化进程；另一方面有机物料中有机官能团可吸附 H^+ 和 Al^{3+}，从而降低土壤溶液中 H^+ 和 Al^{3+} 的浓度及其对作物根系的毒害效应；另外，有机物料矿化引起的有机阴离子脱羧基化和碱性物质释放，使土壤 pH 上升。据研究，大豆叶、玉米叶和小麦还田后，短期内可使土壤 pH 分别提高 3.65、2.31 和 1.11 个单位。

（2）合理施肥，减少致酸因素 要延缓或防止土壤酸化就要合理施肥，控制施用数量，优化施用配比，制订合理的施肥方案。以氮肥为例，目前设施栽培中，每年氮肥的投入在 3 000 千克/公顷以上，但一年两季种植模式下，每年作物吸收的氮素为500～800 千克/公顷，按养分平衡原理，每年施入土壤的氮素

850 千克/公顷为宜。大多数蔬菜对氮、磷、钾的吸收比例为 1：0.5：1.2，所以提倡使用高氮、中磷、高钾复合肥品种，应特别注意增加钾的投入量。减少使用氮、磷、钾比例相同的复合肥。配施硼、锌、钼等长效、微量元素肥料。

(3) 施用碱性土壤调理剂，降低土壤酸度 对于已经酸化的地块，可以施入生石灰中和酸性，提高土壤 pH，改良土壤，并且能为蔬菜补充大量的钙。pH 为 5.0～5.5 的地块，每亩混入130 千克左右；pH 为 5.5～6.0 的地块，每亩混入 65 千克左右；pH6.0～6.4 的地块，每亩混入 30 千克左右。石灰氮（氰氨化钙）也是理想的土壤改良剂，试验表明，施用氰氨化钙可使土壤pH 由 5.6 提高到 7.5 左右，改良酸化土壤效果明显，并为作物提供长效氮肥，降低硝酸盐在土壤及植物中累积等作用。

二、设施菜田土壤次生盐渍化原因及其治理

1. 设施菜田土壤次生盐渍化原因 在半湿润甚至湿润地区的设施菜田土壤出现盐渍化是人为作用造成的。导致这一问题产生的基本原因是，这个生产体系是一个半封闭的系统，整年有塑料膜保护，只有白天有少部分打开。棚内终年基本上不接收降雨，没有自然淋溶过程。这种小气候类似于沙漠生态系统的气候，在土面蒸发和植物蒸腾作用下，土壤水的移动以向上为主，导致溶于水溶液中的盐分在表层聚积，因而即使是正常的水肥管理，土壤出现次生盐渍化是一种必然趋势，只是需要的时间长短不同而已。实践中，农民习惯用大水漫灌，其主要原因是为了洗盐。当然用淡水灌溉可以减缓这一过程的发生，但很难保证其不发生。如根据我们在长期定位试验中的观察发现，正常灌溉条件下土壤下渗水占灌溉水总量的 40% 左右，其余主要通过蒸发或蒸腾损失，长期下去，这必然会导致表层盐分发生积累。除非灌溉水量进一步增加，直到下渗水带走盐分等于或超过植物吸收后土壤残存的盐分总量。

　　由于蔬菜生长速度快、产量高、效益好，过量施肥现象严重，未被吸收利用的肥料及其副成分大量残留于土壤中，成为土壤盐分离子的主要来源。山东寿光的调查结果显示，一个生长季内（一年两季）化肥投入（$N+P_2O_5+K_2O$）多为 $200\sim300$ 千克/亩，肥料利用率不足 20%。长期试验表明，传统栽培模式下，每年氮肥施用量高达 133.3 千克/亩，导致 $0\sim90$ 厘米土层硝态氮累积在 66.7 千克/亩以上。施肥比例不合理也是导致土壤次生盐渍化的重要原因。据统计，寿光日光温室中氮、磷、钾总养分投入比例 $N:P_2O_5:K_2O$ 约为 $1:0.9:0.8$，而番茄对氮、磷、钾养分需求比例约为 $1:0.3:1.7$，黄瓜约为 $1:0.7:1.5$。可见蔬菜栽培施肥中氮、磷养分比例高，尤其是磷的比例过高，而钾肥投入比例偏低，养分比例严重失调，导致氮、磷肥在土壤发生累积，加重土壤盐渍化。

　　设施菜地封闭的环境大大降低了降雨对土壤的自然淋溶作用，菜地内施用的大量矿质肥料既不能随雨水流失，也不能随雨水淋溶到土壤深层，而是残留在土壤耕层。加之设施菜地内长期处于高温状态，上层土壤水分蒸发损耗大，促使下层水分和地下水向上移动，水中所含盐分离子随水上移表聚，加剧了表层次生盐渍化。

　　设施菜田土壤的有机肥和化肥高投入，主要是鸡粪和猪粪等含盐量高的有机肥品种的大量投入，是产生次生盐渍化的另外一个重要原因：灌溉水的矿化度是影响盐分淋洗效果的一个重要因素。在氮素长期过量使用的条件下，盐基离子的大量淋洗，有可能增加地下水的矿化度，从而对灌溉承洗盐的效果产生影响。但在设施蔬菜种植的集中地区是否到了足以加速土壤盐渍化发展的程度，需要进行深入研究，目前尚无数据支持这假设。近年来，设施菜田的盐渍化逐渐加重还与灌溉水的量不足有关。如由于水电的价格不断提高，寿光市很多农民降低了单次灌溉量，淋洗作用减弱，表层盐分积累趋势明显。

2. 土壤盐渍化的综合防治方法

（1）**深翻改土**　蔬菜收获后，深耕土壤，把富含盐类的表层土翻到下层，把相对含盐较少的下层土壤翻到上层来。一般翻耕深度应该在 20 厘米以上为好。结合深翻，在土壤中掺入适量的沙子，改善土壤质地，可改善土壤透气性，促使盐分下渗到土壤深层。沙子的施用量应根据具体情况而定，通常应按照每亩施用 100～200 千克为宜。在盐渍化严重影响作物产量时，可采取换土的措施。铲除棚室地面 2～3 厘米的表层土，换上农田土壤。

（2）**增施有机物料**　增施有机物料以提高土壤的有机质含量，使土壤疏松，促使盐分下降。有机物料中以纤维素含量多的有机肥效果更为明显。据研究，加入秸秆后，土壤中可溶性盐分显著下降，脱盐率随秸秆用量的增加而升高，其中引发次生盐渍化的 NO_3^- 离子降幅最大。应当注意，新鲜的人粪尿、畜禽粪便等施用后容易导致铵态氮的挥发出现作物烧苗，因此有机肥料要经过充分腐熟后再施用。而且根据土壤养分含量状况，农作物产量要求以及需肥规律，推广配方施肥，合理施氮、磷、钾及微量元素肥料，既可协调土壤养分平衡，又可减缓土壤盐渍化。

（3）**漫灌洗盐**　如果当地雨水较多，盐渍化出现后还可以利用掀膜淋雨的方法进行防治。即利用换茬空隙，揭去薄膜，通过日晒雨淋，进行冲淋洗盐。如果当地雨水少，可以选择灌水洗盐的方法治理土壤次生盐渍化。选择在每年 6～8 月的高温季节，利用温室的换茬空隙，对土壤盐渍化温室进行大水漫灌，灌溉量一般都在 50 米^2/亩以上。

（4）**轮作换茬**　根据不同蔬菜品种对盐分吸收和耐受的不同，合理进行轮作换茬，以利于设施菜地中土壤养分的平衡。日光温室休闲期间种植填闲作物对于减少土壤盐分累积有显著效果。据研究，温室夏季休闲期间（7、8 月）种植玉米，可吸收 134～226 千克/公顷氮素，大大降低由硝态氮引发的次生盐渍化。

(5) 采用滴灌施肥、叶面施肥等施肥技术 采用滴灌技术，降低灌水施肥量。既可保持土壤疏松，又可减缓土壤中的盐分积聚和盐渍化的进程。滴灌设备应距离植株 5 厘米左右比较合适，通常每行作物铺一条滴灌为好。滴头间距应该为 30～50 厘米。单滴头流量每小时 1～2 升，每次灌水 20～30 毫米为宜。另外，叶面喷施尿素、过磷酸钙、磷酸二氢钾以及一些微量元素等叶面肥，用量少、见效快，不易使土壤盐渍化，应大力提倡。

当前，土壤酸化和次生盐渍化是设施蔬菜生产区普遍发生和存在的问题，同时它们造成的危害却不是单一的，而是复杂的、综合的。从设施园艺土壤的平均 pH 和盐分含量可以看出，我国园艺土壤酸化和次生盐渍化程度已经到了严重程度。如果这两种障碍现象分别发生，则容易克服，因为均有成熟的技术分别解决这两种问题。但这两种障碍问题往往是交织在一起的，解决的难度就大些。如在灌溉水碱度提高和施用石灰情况下，土壤酸化会出现缓解现象，但却容易加重土壤的次生盐渍化。设施园艺生产体系水肥的过量投入是导致土壤酸化和次生盐渍化的主要驱动力，所以我们要解决设施土壤酸化和盐渍化问题，应该从源头上优化水肥投入，并从系统的投入和输出平衡着眼，探寻合理的水肥管理制度，实现作物高产、优质的同时兼顾环境和土壤质量的改善，以保障该系统的高效、持续和健康的发展。

三、设施菜田土壤板结成因与治理

1. 土壤板结的发生原因

(1) 新建温室取土建筑墙，机械碾压导致板结 新建温室由于建造中取土筑墙，富含有机质的表土被取走，留下耕作的土壤为原来的生土层，又经过推土机等机械碾压，致使土壤结构被破坏，理化性状变差，养分含量低引起板结。

(2) 施肥不合理，土壤性状变差导致板结 大量、不合理地施用化学肥料，导致土壤养分失衡，特别是过量施用铵态氮类肥料和钾肥，引起土壤块状结构、团粒结构的破坏，最后形成土壤板结。土壤团粒结构是带负电的土壤黏粒及有机质通过带正电的多价阳离子连接而成的。土壤中以正2价的钙、镁阳离子为主，过量施入磷肥时，磷肥中的磷酸根离子与钙、镁等阳离子结合形成难溶性磷酸盐，既浪费磷肥，又破坏了土壤团粒结构，导致板结。优质农家肥投入不足，秸秆还田量少，长期单一偏施化肥，腐殖质不能得到及时补充，造成有机肥不足而板结。

（3）大水漫灌导致土壤板结 采用大水漫灌，不仅浪费水资源，而且由于温室栽培条件下温度高，水分短时间内蒸发，造成土壤表层板结。另外，大水漫灌会破坏栽培环境因子的平衡，影响根系正常生长，导致土壤养分流失，土壤性状变差，从而引发土壤板结。

（4）耕作过浅 设施栽培条件下，由于空间的限制，土壤的耕作只能利用小型旋耕机进行，旋耕深度较浅，仅有10厘米左右，连续多年多季旋耕作业之后，加之相关农艺技术不配套，使耕地形成坚硬的犁底层，导致耕作层越来越浅，最终形成严重的土壤板结。

2. 土壤板结综合防治方法

（1）合理施肥 腐殖质是形成团粒结构的主要成分，而腐殖质主要是依靠土壤微生物分解有机质得来的。因此，提高团粒结构的数量需向土壤补充足量的有机质，使用底肥时加大优质有机肥的用量。如粉碎的秸秆、玉米芯、花生壳等禽畜粪肥中牛羊粪有机质含量高，是改良土壤板结的首选，而鸡鸭猪粪其含水大，氮、磷含量较高，不宜过多使用。一般在作物定植前20～30天，每亩施用1 000千克秸秆，灌足水，铺上地膜，并盖严棚膜闷棚，可明显提高土壤的总孔隙度，使耕层容重下降，土壤疏松，水稳性团粒含量明显增加，有利于调节大棚土壤耕层的水肥气热，促进植株生长。增施生物菌肥还可快速补充土壤中的有益菌，恢复团粒结构，消除土壤板结，促进蔬菜根系健壮生长。化学肥料施用要立足于土壤测试，测土配方，合理补充。因此，菜农应及时对棚室土壤进行检测，准确了解土壤养分含量之后适量补充大量元素。对于板结的土壤，底肥应以有机肥为主，化学肥料少施或不施用，中后期追肥以吸收效率高的水溶肥为主。

(2) 科学灌水 采用大水漫灌往往使栽培环境恶化，导致病虫害加重。日光温室栽培宜采用膜下滴灌或微喷灌模式，此法不仅省水省工，减少了土壤养分流失和防止板结，而且可以结合灌水进行用药和施肥，利于田间操作。

(3) 适度深耕 设施栽培受空间的限制，大型机械无法进入，耕翻最好人工进行，深度40厘米左右，不但可翻匀肥料，防止烧苗，还可避免土壤犁底层的形成，利于作物根系生长。

(4) 用养结合 通过合理的作物布局和轮作倒茬，把养分需求特点不同的作物合理搭配，能改良土壤、培肥地力，达到用养结合、提高土壤质量的目的。

(5) 施用土壤改良剂 腐殖酸土壤调理剂含有各种营养元素，可促进微生物的生长繁殖，可提高土壤渗透性，增加土壤的保水、保肥能力，减少土壤水分蒸发，增加土壤的阳离子交换能力，有利于植物对铁、锰、锌、铜的螯合等，能够改善土壤的物理、化学和微生物反应，增加土壤肥力，在治理土壤板结、盐碱化等问题效果显著。

四、设施土壤污染物积累与治理

设施蔬菜生产过程中片面追求高产而不合理地过量施用肥料已经成为普遍现象。据多地区设施蔬菜产地调查显示，肥料年施用量约为露天蔬菜产地的2倍，其养分投入量远远超过了作物的养分需求量。有机肥料的过量施用也带来了大量重金属和抗生素等污染物。

据调查，我国主要商品有机肥和有机废弃物的重金属含量状况，鸡粪中以As、Cd、Cu超标为主；猪粪中以Cu、Zn、Cd超标为主；牛粪中以 Cd、Zn 超标为主；以鸡粪、猪粪为原料的有机肥中抗生素普遍残留。可见，有机肥大量施用是形成设施蔬菜土壤重金属、抗生素污染的直接原因。设施蔬菜生产中污染物来源较为单一，即肥料是污染物的主要来源。源头控制是实施环境管理的关键。应在畜禽养殖业饲料添加剂、有机肥原料、商品肥料等各个农用投入品生产环节建立污染物限值标准，加强污染物含量监测。同时，在肥料投入环节建立各种污染物投入总量控制标准，实施总量控制。

五、设施土壤生物多样性退化原因及调控途径

许多植物通过根系分泌物、分解产物和淋溶物释放一些化学物质，从而对异种或同种生物的生长产生直接或间接的有益或有害的影响，即产生化感作用，使得养分吸收能力降低和植物抗病性减弱，是导致病害严重发生的重要诱导因素。其中，植物通过释放化学物质抑制同种或近缘植物生长的自毒效应比较普遍。这种自毒作用在大豆、番茄、茄子、西瓜、甜瓜和黄瓜等作物上极易产生。目前已经证实酚酸类物质是造成黄瓜自毒现象的重要物质。同时由于连作条件下土壤微生物区系失衡，植物对自毒物质的降解等效应受到影响，造成自毒物质的大量积累，产生自毒现象。据报道，大豆、茄子等的自毒现象主要发生在种子萌发和生长的早期。

六、其他管理措施

从设施蔬菜生产经营规模看，尽管生产基地大多较为集中，但生产经营方式 80% 以上还是以小规模的个体农户经营为主，即使存在一些合作社组织或公司，但与生产者之间在生产方式、经营品种、技术指导等方面互动薄弱，难以形成规模经营。同时，在经济发达地区，绝大部分生产者均为异地务工人员承租土地经营，迫于经济利益的压力、承租土地的短期性、社会保障体

系的缺乏等因素，大多生产者不愿意保护性投入，所以经营方式较为粗放。加之异地生产者对当地生活环境缺乏认同，导致他们对生态环境的保护意识不强。

【参考文献】

丁洪，王跃思，项虹艳，等．2004．菜田氮素反硝化损失与 N_2O 排放的定量评价．园艺学报，31（6）：762-766．

董炜博，石延茂，李荣光，等．2004．山东省保护地蔬菜根结线虫的种类及发生．莱阳农学院报，21（2）：106-108．

董章杭．2006．山东省寿光市集约化蔬菜种植区农用化学品使用及其对环境影响的研究．北京：中国农业大学．

杜会英．2007．保护地蔬菜氮肥利用、土壤养分和盐分累计特征研究．北京：中国农业科学院．

杜连凤，张维理，武淑霞，等．2006．长江三角洲地区不同种植年限保护菜地土壤质量初探．植物营养与肥料学报，12（1）：133-137．

范庆锋，张玉龙，陈重，等．2009．保护地土壤酸度特征及酸化机制研究．土壤学报，46（3）：496-450．

冯志新．2001．植物线虫学．北京：中国农业出版社：207．

高兵，任涛，李俊良，等．2008．灌溉策略及氮肥施用对设施番茄产量及氮素利用的影响．植物营养与肥料学报，14（6）：1104-1109．

高秀兰，肖千明，娄春荣．1997．日光温室栽培番茄引起生理障碍 NO_3-N 浓度的研究．辽宁农业科学，1：8-12．

谷端银，王秀峰，魏珉，等．2005．设施蔬菜根结线虫病害发生严重的原因探讨．中国农学通报，21（8）：333-335．

关连珠．2000．土壤肥料学．北京：中国农业出版社．

郭笃发，姜爱霞．1997．酸沉降对土壤过程及性状的影响．土壤通报，28（4）：187-189．

郭全忠．2007．安康市设施蔬菜施肥现状及土壤养分累计特性研究．安徽农业科学，35（20）：6194-6195．

郭瑞英．2007．设施黄瓜根层氮素调控及夏季种植填闲作物阻控氮素损失研究．北京：中国农业大学．

郭文忠，陈青云，高丽红，等．2005．设施蔬菜生产节水灌溉制度研究现状
　　及发展趋势．农业工程学报，21（S）：24-27．

国家发展和改革委员会价格司．2009．2009 年全国农产品成本收益资料汇
　　编．北京：中国统计出版社．

何飞飞．2006．设施番茄生产体系的氮素优化管理及其环境效应研究．北
　　京：中国农业大学．

何飞飞，李俊良，陈清，等．2006．日光温室番茄氮素资源综合管理技术研
　　究．植物营养与肥料学报，12（3）：394-399．

何飞飞，任涛，陈清，等．2008．日光温室蔬菜的氮素平衡及施肥调控潜力
　　分析．植物营养与肥料学报，14（4）：692-699．

胡铁军，张芸，师迎春．2005．芦荟后茬种蔬菜，根结线虫病严重．中国植
　　保导刊，4：37．

黄德明．2001．蔬菜配方施肥．北京：中国农业出版社．

黄炎宁，任晓艳，陈年来，等．2009．甘肃中部日光温室土壤剖面理化特
　　征．冰川冻土，31（3）：577-581．

姜春光．2009．水肥投入及轮作糯玉米对周年设施番茄养分利用的影响．北
　　京：中国农业大学．

姜慧敏，张建峰，杨俊诚，等．2008．不同施氮模式对日光温室番茄产量、
　　品质及土壤肥力的影响．植物营养与肥料学报，14（5）：914-922．

孔祥义，陈绵才．2006．根结线虫病防治研究进展．热带农业科学，2：
　　83-88．

寇长林．2004．华北平原集约化农作区不同种植体系施用氮肥对环境的影
　　响．北京：中国农业大学．

雷宝坤，陈清，范明生，等．2010．寿光设施菜田碳氮演变及其对土壤性质
　　的影响．植物营养与肥料学报，16（1）：158-165．

雷宝坤，段宗颜，张维理，等．2001．滇池流域保护地西芹施肥研究．西南
　　农业学报，17：121-126．

李程．2004．宁夏日光温室土壤次生盐渍化对黄瓜生长发育影响的研究．北
　　京：中国农业大学．

李崇光，包玉泽．2010．我国蔬菜产业发展面临的新问题与对策．中国蔬菜
　　（15）：1-5．

李粉茹, 于群英, 邹长明. 2009. 设施菜地土壤 pH、酶活性和氮磷养分含量的变化. 农业工程学报, 25 (1)：217-221.

李俊良, 崔德杰, 孟祥霞, 等. 2002. 山东寿光保护地蔬菜施肥现状及问题的研究. 土壤通报, 33 (2)：126-128.

李梦梅, 龙明华, 黄文浩, 等. 2005. 生物有机肥对提高番茄产量和品质的机理初探. 中国蔬菜 (4)：18-20.

李源, 司力珊, 张雪艳, 等. 2006. 填闲作物对日光温室土壤环境的影响. 沈阳农业大学学报, 37 (3)：531-534.

刘翠花, 张澈, 2003. 西藏高原设施蔬菜土壤特性调查研究. 土壤通报, 7 (4)：827-828.

刘德, 吴凤芝. 1998. 哈尔滨市郊区蔬菜大棚土壤盐分状况及影响. 北方园艺, 6：1-21.

刘玲, 杨海霞, 张月玲. 2009. 2009 年寿光市农村生活饮用水水质监测结果分析. 医学动物防疫, 26 (5)：478-479.

刘维志. 1995. 植物线虫学研究技术. 沈阳：辽宁科学技术出版社：1-242.

刘兆辉. 2000. 山东大棚蔬菜土壤养分特征及合理施肥研究. 北京：中国农业大学.

刘兆辉, 江丽华, 张文君, 等. 2006. 氮、磷、钾在设施蔬菜土壤剖面中的分布及移动研究. 农业环境科学学报, 25 (增刊)：537-542.

刘兆辉, 江丽华, 张文君, 等. 2008. 山东省设施蔬菜施肥量演变及土壤养分变化规律. 土壤学报, 45 (2)：296-303.

马文奇, 毛达如, 张福锁. 2000. 山东省蔬菜大棚养分积累状况. 磷肥与复肥, 15 (3)：65-67.

农业部. 2008. 中国农业统计资料. 北京：中国农业出版社.

潘以楼. 1992. 菜田土壤的适宜酸碱度. 蔬菜, 2：37.

全国农业技术推广服务中心. 1996. 中国有机肥料养分志. 北京：中国农业出版社.

任涛. 2007. 设施番茄生产体系氮素优化管理的农学及环境效应分析. 北京：中国农业大学.

沈明珠, 翟宝杰, 车惠茹. 1982. 不同蔬菜硝酸盐和亚硝酸盐含量分析. 园艺学报 (4)：41-47.

宋效宗, 赵长星, 李季, 等. 2008. 两种种植体系下地下水硝态氮含量变化. 生态学报, 28（11）: 5514-5519.

孙光闻, 陈日远, 刘厚诚. 2005. 设施蔬菜连作障碍原因及防治措施. 农业工程学报, 21（增刊）: 184-188.

王朝辉, 李生秀, 田霄鸿. 1998. 不同氮肥用量对蔬菜硝态氮积累的影响. 植物营养与肥料学报, 4（1）: 22-28.

王代长, 蒋新, 卞永荣. 2002. 酸沉降下加速土壤化的影响因素. 土壤与环境, 11（2）: 152-157.

王辉, 董元华, 安琼, 等. 2005. 高度集约化利用下蔬菜土壤酸化及次生盐渍化研究. 土壤, 37（5）: 530-533.

王金龙, 阮伟斌. 2009. 4 种填闲作物对天津黄瓜温室土壤次生盐渍化改良的初步研究. 农业环境科学学报, 28（9）: 1849-1854.

王敬华, 张效年, 余天仁. 1994. 华南红壤对酸雨敏感性的研究, 土壤学报, 31（4）: 348-354.

王娟. 2010. 设施菜田土壤溶解性有机物质的淋洗特点分析. 北京: 中国农业大学.

王学征. 2004. 设施环境盐分胁迫对番茄生长发育及膜系统研究. 哈尔滨: 东北农业大学.

吴建繁. 2001. 北京市无公害蔬菜诊断施肥与环境效应研究. 武汉: 华中农业大学.

习斌, 张继宗, 左强, 等. 2010. 保护地菜田土壤氮挥发损失及影响因素研究, 植物营养与肥料学报, 16（2）327-333.

肖相政, 刘可星, 廖宗文. 2009. 生物有机肥对番茄青枯病的防效研究及机理初探. 农业环境科学学报, 28（11）: 2368-2373.

熊汉琴, 王朝辉, 罗贵斌. 2006. 同种植年限蔬菜大鹏土壤次生盐渍化发生机理的研究. 陕西林业科技, 3: 22-26.

徐立功. 2003. 生物有机肥对番茄生长发育及产量品质的影响. 泰安: 山东农业大学.

徐仁扣, 季国亮. 1998. pH 对酸性土壤中铝的溶出和铝离子形态分布的影响. 土壤学报, 35（2）: 162-170.

杨步银, 李燕, 马建宏, 等. 2009. 南京设施蔬菜生产中肥料的使用现状及对策. 中国园艺文摘, 5: 141-142.

杨秀娟, 何玉仙, 陈福如, 等. 2002. 不同植物提取液的杀线虫活性评价.

江西农业大学学报：自然科学版，24（3）：386-389.

伊田．2010.杨凌地区不同种植年限对设施栽培土壤环境质量的影响与评价．杨凌：西北农林科技大学．

余海英，李廷轩，张锡洲．2010.温室栽培系统的养分平衡及土壤养分变化特征．中国农业科学，43：514-522.

翟成杰，陈清，任涛，等．2010.根层综合调控技术在设施番茄生产中的应用．中国蔬菜（21）：26-29.

张维理．1995.我国北方农用氮肥造成地下水硝酸盐污染的调查．植物营养与肥料学报，1（2）：80-87.

张瑜．2009.中国农田土壤酸化现状、原因及敏感性的初步研究．北京：中国农业大学．

张真和，陈青云，高丽红，等．2010.我国设施蔬菜产业发现对策研究．蔬菜（5）：1-3.

张振华，姜玲若，胡水红，等．2003.设施栽培大棚土壤养分、盐分调查分析及其调控技术．江苏农业科学（1）．

曾希柏，白玲玉，苏世鸣，等．2010.山东寿光不同种植年限设施土壤的酸化与盐渍化．生态学报，30（7）：1853-1859.

郑军辉，叶素芬，喻景权．2004.蔬菜作物连作障碍产生原因及生物防治．中国蔬菜（3）：56-58.

钟杭，马国瑞．1993.氯对马铃薯生理效应的影响．浙江农业学报，5（2）：83-88.

周建斌，翟丙年，陈竹君，等．2006.西安市郊区日光温室大棚番茄施肥现状及土壤养分累积特性．土壤通报，37（2）：287-290.

周艺敏，任顺荣，王正祥．1989.氮素化肥对蔬菜硝酸盐积累的影响．华北农学报，4（1）：110-115.

朱端卫，成瑞喜，刘景福，等．1998.土壤酸化与油菜锰毒关系研究．热带亚热带土壤科学，7（4）：280-283.

朱建华．2002.保护地蔬菜氮素去向研究．北京：中国农业大学．

竹本岳．1989.菜地土壤酸化原因及其对番茄生产的影响．浙江农业大学学报，15（3）：273-277.

[第三章]

设施蔬菜养分需求与管理

第一节 设施蔬菜肥料施用现状

2015 年农业部提出将在全国范围内开展绿色增产模式攻关，实施化肥使用量零增长行动，力争到 2020 年主要农作物化肥使用量实现零增长。但是，为了保证蔬菜产量，增加经济收入，在传统农业"粪大水勤，不用问人""有收无收在于水，多收少收在于肥"等传统思想的影响下，蔬菜施肥普遍过量。据调查，设施蔬菜每年氮和磷（P_2O_5）投入量都在 2 000 千克/公顷以上，分别为粮食作物的 8.5 倍和 17.5 倍，钾（K_2O）的投入量也为 1 500～2 000 千克/公顷，为粮食作物的 28 倍之多（表 3-1）。以番茄为例，在一般产量（每季 75～90 吨/公顷）水平下，番茄全生育期 N、P 和 K 的吸收量分别仅为 286 千克/公顷、53 千克/公顷和 426 千克/公顷（图 3-1）。可见，肥料养分投入总量大大超过了蔬菜作物正常生长的需求量。

表 3-1 不同种植模式下养分投入量比较

作物	有机肥（千克/公顷）			化肥（千克/公顷）			总养分投入（千克/公顷）		
	N	P_2O_5	K_2O	N	P_2O_5	K_2O	N	P_2O_5	K_2O
设施蔬菜	905	725	662	1 379	1 877	585	2 284	2 602	1 491
露地蔬菜	315	305	261	563	370	281	878	676	542
粮食作物	16.7	17.6	14.5	252	131	38.2	269	149	52.7

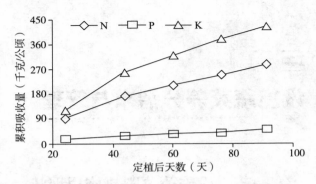

图 3-1　设施番茄 N、P、K 养分累积吸收规律

除施肥过多外，养分投入比例失调也影响番茄产量、品质和土壤健康。番茄对钾素的吸收量在三大营养元素中所占比例最大，钾的供应状况直接影响果实的商品品质。多年调查数据表明，寿光设施番茄养分投入比例为 $N：P_2O_5：K_2O = 1.61：1.90：1$（表 3-2），而番茄养分吸收氮、磷（$P_2O_5$）和钾（$K_2O$）比例约为：$0.55：0.24：1$。可见，番茄施肥中钾肥的投入比例低，容易导致钾肥不足或氮、磷过量。

表 3-2　山东寿光保护地蔬菜氮、磷、钾养分施入比例

年份	样本数	有机肥	化肥	总养分投入
		$N：P_2O_5：K_2O$	$N：P_2O_5：K_2O$	$N：P_2O_5：K_2O$
1997	30	1.49：1.56：1	2.51：3.55：1	2.12：2.80：1
1998	32	1.78：1.49：1	1.87：2.63：1	1.84：2.19：1
2001	63	1.25：1.11：1	1.36：2.10：1	1.30：1.60：1
2004	30	1.22：0.68：1	11.78：1.27：1	1.19：0.99：1
平均		1.44：1.21：1	4.38：2.39：1	1.61：1.90：1

另外，传统生产中基肥约占 60%（表 3-3），另外 40% 的肥料在蔬菜生育期内以追施。作物生育前期根系不发达，对养分需

求量和利用能力有限，大量的基肥作物很难有效利用。养分投入比例失调以及肥料的供给与作物需求规律不同步也是目前日光温室蔬菜施肥中存在的突出问题。

表 3-3　日光温室中基肥和追肥施用量和所占比例

	N		P_2O_5		K_2O	
	基肥	追肥	基肥	追肥	基肥	追肥
施用量（千克/公顷）	1 222	845	1 474	1 031	925	664
所占比例（%）	59	41	59	41	58	42

随着测土施肥发展及水溶肥的推广，近几年化肥施用量有所减少，尤其是磷肥的施用量降低，与此同时钾肥的施用量增加，化肥氮、磷、钾投入比例趋于合理。据 2015 年在寿光市的调查显示化肥氮、磷、钾的比例为 1：0.7：1.5，与番茄吸收比例 1：0.3：1.7 和黄瓜吸收比例 1：0.7：1.5 相差不大。但随着化肥施用量的降低，低碳氮比有机肥施用量逐年增加（图 3-2）。

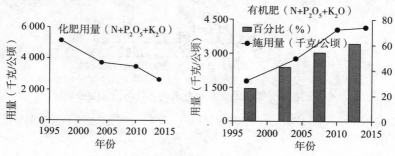

图 3-2　设施蔬菜施用化肥有机肥变化趋势

施肥过量、基肥与追肥分配不合理不仅导致肥料损失，降低其利用率，而且在土壤中大量富集（图 3-3），对环境造成潜在的威胁。研究表明，氮素表观损失量与氮肥的施用量呈显著正相关关系（图 3-4）。通过分析 2004—2012 年土壤氮平衡发现，传统种植模式下氮肥的利用率仅为 7%（差减法计算）。据估算，每年淋溶到土层 90 厘米以下氮素达到 1 000 千克/公顷，导致地下水硝态氮含量超标，威胁环境健康。据多年统计在设施蔬菜种植区 70%地下水硝态氮含量超标（10 毫克/升）（图 3-5）。

不合理的施肥不但造成养分利用率低，威胁环境健康，而且导致土壤退化。据前期研究与农田相比，设施菜地由于长期大量施用化学氮肥，缺乏高碳氮比有机物料的投入，使土壤碳氮比显著降低。

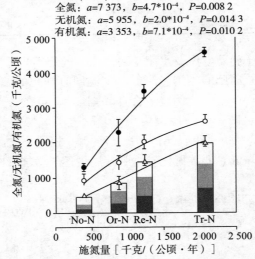

图 3-3　土壤中全氮、无机氮和有机氮含量与施氮量间的关系

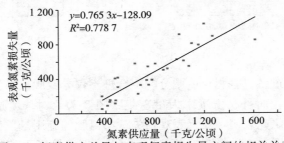

图 3-4　氮素供应总量与表观氮素损失量之间的相关关系

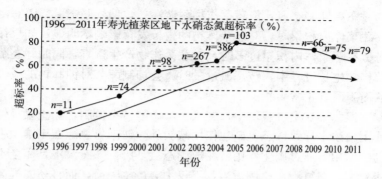

图 3-5　蔬菜种植区地下水硝态氮变化情况

第二节　设施蔬菜养分需求

　　蔬菜作物和其他植物一样，通过根系从土壤中以无机盐或离子形态吸收多种营养元素。吸收量最多的是氮、磷、钾，其次是钙、镁、硫等元素，此外，也需要各种微量营养元素。蔬菜作物种类繁多，与粮食作物相比，每种蔬菜所收获的产品器官不同，且各种蔬菜生长发育有其自身的特点，因此，对养分的需求也不尽相同。

一、设施蔬菜对养分需求的共同特点

　　1. 设施蔬菜需肥量大　　设施蔬菜产量高、种植密度大、生长迅速、养分含量高，对养分的吸收量明显高于粮食作物，与粮食作物相比具有需肥量大的特点。据研究，蔬菜吸氮量比小麦高 0.4 倍，吸钾量高 1.92 倍，吸钙量高 4.3 倍。因此，设施蔬菜要求土壤高强度的供肥，但往往仅靠土壤养分满足不了设施蔬菜生长要求，所以必须通过施肥进行养分管理，以满足设施蔬菜的高产优质。

　　2. 设施蔬菜多数为喜硝态氮的作物　　多数农作物能同时利

用铵态氮和硝态氮，但蔬菜作物耐铵性差，偏好硝态氮。硝态氮在蔬菜体内积累时，对蔬菜作物的生长发育影响不明显；如果铵态氮在蔬菜体内积累过多时，对蔬菜作物产生毒害，同时，在蔬菜作物生长过程中，铵态氮过量时，会抑制蔬菜对钾和钙的吸收从而阻碍其正常生长。

但蔬菜在土壤栽培中，施入土壤中的铵态氮肥，除土温极低或土壤渍水导致铵态氮硝化作用减弱外，铵态氮总能在土壤微生物的作用下通过硝化作用转变成硝态氮，因此，蔬菜不是完全不能施用铵态氮肥，比例适当，不仅不会产生障碍，而且还能提高蔬菜的品质。这是因为，硝态氮在蔬菜体内积累不会对蔬菜本身造成任何不良影响，但人摄入硝态氮过多有致癌作用，硝酸盐在还原条件下形成亚硝酸，亚硝酸与胺结合形成亚硝胺，亚硝胺是致癌性强的一类有机化合物，诱癌时间随日摄入量的增加而缩短，所以食用硝酸盐含量多的食物或蔬菜，对人体健康危害性很大。蔬菜体内硝态氮含量是当前无公害蔬菜生产中的一项重要指标，所以，为了蔬菜高产优质，应控制氮肥用量，或通过调控硝态氮和铵态氮的比例，减少设施蔬菜可食部分的硝态氮含量。一般，铵态氮不宜超过氮肥总施肥量的 $1/4 \sim 1/3$，或硝态氮与铵态氮配合比例为 7：3 较为适宜。

3. 设施蔬菜为喜钾嗜钙的作物　蔬菜作物对钾的需求量大，据试验表明，茄果类蔬菜每千克果实含钾平均为 41.1 克，而小麦、玉米、水稻每千克籽粒中平均仅为 4.3 克，由此可见，蔬菜作物需钾量与粮食作物相比要高得多。蔬菜对钙的吸收量显著高于禾本科作物，许多蔬菜产品中都含较多的钙。据测定，蔬菜作物平均含钙量比禾本科作物高 12 倍之多。蔬菜作物体内含钙量高的主要原因，一方面与其根系阳离子代换量有关，阳离子代换量高，其吸收钙量也高；另一方面与蔬菜硝态氮有关，吸收硝态氮越多，其体内形成的草酸就多，体内钙的含量高时，钙与草酸结合形成草酸钙积蓄在叶中不致引起草酸过多的危害。缺钙时，过多的草酸会造成蔬菜生长点的萎缩，易在植株及果实顶部产生危害，出现缺钙症状，如番茄、甜椒的脐腐病，大白菜、甘蓝的"干烧心"和"干烧边"等生理病害。

钙在植物体内移动缓慢，在土壤中又极易淋失，植株对土壤溶液中钙的吸收还受土壤铵态氮浓度、土壤 pH 等因子影响。我国北方大部分菜园土壤的有效钙含量比较丰富，但在生产实践中，仍能经常看到蔬菜作物缺钙的现象。这主要归结于蔬菜对钙素的吸收受到作物蒸腾作用的影响。即使土壤钙素营养丰富，但在栽培管理中由于土壤过于干旱、盐渍化现象严重、温湿度不协调时，也会导致蔬菜出现钙素营养缺乏，这属于生理缺钙。因此，设施蔬菜的钙素营养管理上，一方面可以采取叶面喷施钙肥的方法用以矫正缺钙现象；另一方面做好设施土壤田间的水肥管理，避免逆境条件的产生也非常重要。

4. **设施蔬菜需硼量较高**　蔬菜作物比禾本科作物吸硼量多，是禾本科作物的 3～20 倍。蔬菜是需硼量较大的作物。硼在植物体内是以无机态的不溶性和可溶性形态存在，而不是以有机化合物存在，一般单子叶植物体内可溶性硼含量比双子叶植物多，蔬菜大部分属双子叶植物，所以蔬菜比禾本科作物吸硼量多。据有关资料报道，植物体内可溶性硼含量越高，硼在植物体内再利用率也高，由于蔬菜作物体内可溶性硼含量低，硼在体内再利用率也低，易产生缺硼症状。蔬菜缺硼的共同点是根系不发达，生长点死亡，由于硼影响花粉萌发和花粉管伸长，所以缺硼时，花发育不全，果实易出现畸形。如芹菜的茎裂病、萝卜的褐心病、甜菜心腐病、甘蓝的褐心病等均属于缺硼引起的生理病害。硼作为微量元素营养，植物对硼的适宜量到发生缺素症或过多中毒症的浓度范围窄，在施肥时必须予以注意。

二、设施蔬菜施肥原则

1. **合理控制肥料施用量**　肥料能够提供蔬菜生长发育所必

需的营养物质，但蔬菜的吸收量有限，不要过量投入。由于设施栽培室内相对密封，施入化肥不易淋失，肥效较高，宜多次少量酌情施肥。最好根据蔬菜产量、土壤肥力、不同肥料元素利用率等确定适宜施肥量，以进行平衡施肥。如果过度施用化肥，能够引起土壤中盐类浓度增加，导致土壤盐渍化。要控制氮肥，增施磷、钾肥。在设施蔬菜管理上，增加通风时间，增加光照强度，可减少蔬菜硝酸盐的含量。不宜施含氯化肥，因为氯离子能降低蔬菜中的淀粉含量，使品质变劣，而且残留于土壤中易造成土壤板结。

2. 氮、磷、钾肥配合施用　充分发挥交互作用，减少生理病害。特别是减少氮肥、磷肥的施用，提高钾肥的投入，提高蔬菜品质。蔬菜作物需氮、磷、钾的比例一般是 1：0.5：1.25，菜农应针对蔬菜种类调整三种大量元素肥料的投入比例。实际生产中，对高肥力菜地或在施用高量氮肥时，常施以较高量的钾肥，以便作物养分平衡，同时可以在一定程度上抑制作物对氮的过量吸收。

3. 有机肥和无机肥配合施用　无机肥料具有养分释放速效的特点，但是需要多次追施，以保证肥料的养分释放高峰与蔬菜的养分吸收高峰相吻合，如果施用时间不当或施入不及时，就会出现营养生长过剩或短期营养不足，造成减产。而有机肥料保肥性比较好，可以缓慢释放养分，保证作物长期的养分需求。将有机无机肥料配合施用，可以协调养分的释放速度，提供作物长期有效的营养。另外有机肥可改善土壤结构，增加土壤保水保肥能力，增加土壤中的空气含量，为有益的微生物菌群提供良好的生存环境，抑制致病菌的存活。

4. 微量元素肥料肥施用要适量　微量元素肥料在蔬菜上需求量虽然很小，但它在蔬菜代谢中作用却很大，能大大提升蔬菜品质。目前常用的微肥有硼、钼、锌、铁肥等。微肥多作基肥用，也可用于拌种、浸种或根外追肥。微肥适量或过量之间的范围比较窄，所以用量一定要准确，避免造成肥害。

5. **合理使用植物生长调节剂**　植物生长调节剂（如赤霉素、乙烯利、2,4-D、多效唑等）如果使用合理会对蔬菜增产起到促进作用，但是每种调节剂在应用上都有一定的条件和范围，尤其要掌握好使用的时间和浓度，否则就达不到蔬菜增产的效果，而且人们长久食用也会对身体健康不利。

6. **施用蔬菜专用性肥料**　在实施配方施肥的前提下，推广蔬菜专用型复合肥料。专用型肥料是根据不同蔬菜的需肥特点和土壤供肥状况而研制确定的，养分更齐全，营养更科学，配方更合理，针对性更强，施肥后能显著提高设施蔬菜的产量和品质。

7. **营养诊断追肥**　根据蔬菜生长发育的营养特点和土壤、植株营养诊断进行追肥，以及时满足蔬菜对养分的需要。对于一次性收获的蔬菜，特别是叶菜类，收获前 20 天内不得追施氮肥；对于连续结果的蔬菜，追肥次数不要超过 4～5 次。

三、设施蔬菜施肥注意事项

1. **有机肥要充分发酵腐熟后施用**　因为没经过腐熟的农家肥存有病菌和虫卵，给蔬菜施用后，容易发生病虫害。此类有机肥料没有经过腐熟阶段，施入土壤后，腐熟过程中会产生一些有害的中间产物，如有机酸类等，这些物质积累到一定程度能致使种子出苗不齐，出现烧苗现象。而且施入菜地后，还会在腐熟过程中同蔬菜争水争肥，造成蔬菜生长不良。农家肥养分含量齐全、肥效持久，施用后不仅能改良菜地土壤，还可为蔬菜提供多种养分，每亩大棚施农家肥至少要达到 3 米^{3}以上。

2. **重视化肥的科学施用**

（1）绿叶类蔬菜忌施硝态氮肥　白菜、芹菜、菠菜、甘蓝、空心菜、香菜等绿叶类蔬菜，由于生长期短，易吸收硝态氮肥，但吸收的都是硝酸盐离子，这样蔬菜中就会有大量硝酸盐积累，长期食用这样的蔬菜，就会使人体血红蛋白变性，引起中毒，因此绿叶类蔬菜应禁施硝态氮肥。

（2）化肥要深施、早施 深施可以减少养分挥发，延长供肥时间，提高肥料利用率；早施则利于植株早发快长，延长肥效，减轻硝酸盐等有毒物积累。一般铵态氮施于 6 厘米以下土层，尿素施于 10 厘米以下土层，磷、钾肥以及蔬菜专用肥施于 15 厘米以下土层。实践证明，尿素施用前经过一定处理，还可在短期内迅速提高肥效，减少污染。处理方法：取 1 份尿素，8～10 份干湿适中的田土，混拌均匀后堆放于干爽的室内，下铺上盖塑料薄膜，堆闷 7～10 天后作穴施追肥。

（3）酸性肥料不宜连续使用 目前，生理酸性肥料施用量较大，这类肥料常年连续多次使用，会使土壤积累大量酸根离子，使土壤变酸，尤其是石灰性土壤会变板结，从而影响蔬菜生长。

（4）过磷酸钙宜作基肥集中施，不宜作追肥撒施 过磷酸钙是弱酸性肥料，不溶于水，在弱酸条件下才能逐步转化为水溶性磷酸盐被作物根系吸收，尤其在碱性土壤上施用，解决不了作物幼苗对磷的迫切需要，造成生理缺磷。所以设施蔬菜使用过磷酸钙时应在移栽行开 8 厘米深沟，撒入磷肥后覆土 4～5 厘米，然后在浅沟内移栽作物，缩短磷肥与作物根的距离来弥补磷素移动性小的弱点。

第三节　设施蔬菜施肥技术及应用效果

一、氮素根层调控技术

氮素根层调控是指以高产、高效、优质和环境友好为生产目的，依托高产栽培体系，在基于养分资源综合管理原理和氮素平衡原理的基础上，以作物氮素需求为核心，分期动态监测来自环境和土壤的氮素，以施肥为调控手段把根层氮素供应控制在合理范围的一项技术。该技术的核心是确定蔬菜在不同时期的"氮素供应目标值"。目标值的确定取决于推荐期间作物的氮素吸收、最低的氮素供应量和推荐期间的根系深度。如果根层土壤无机氮含量低于此值，那么作物的产量和品质就会受到影响。该技术实现蔬菜生产过程中氮素需求和氮素供应相协调，避免施肥过多引起氮素损失、降低利用率，威胁环境健康等，同时避免氮素过少降低作物生产力，保障作物产量。

根据氮素平衡理论，氮素供应需要满足目标产量下作物的氮素带走量，不可避免的氮素损失和必需的无机氮存留。氮素供应可通过以下途径实现：种植前或追肥前土壤无机氮残留、施用的氮肥、土壤有机氮或有机肥/残茬等矿化、沉降或灌溉等。基于养分资源综合管理原理，首先考虑环境（沉降或灌溉等）和土壤（无机氮残留和土壤有机氮矿化）的氮素输入。在蔬菜生长的某个生长阶段，来自环境和土壤这两项氮素输入之和等于或大于适宜根层氮素供应目标值时，不施用氮肥；当这两项氮素输入之和小于适宜根层氮素供应目标值时，施用氮肥，氮肥施用公式如下：

施氮量＝氮素供应目标值－环境氮素输入量－土壤有机氮矿化量－有机肥氮矿化量－土壤无机氮残留量

通过氮肥投入将根层土壤的氮素供应强度始终调控在合理的范围内，并以此实现作物根系氮素吸收与环境、土壤氮素供应和氮肥投入在时间上的同步和空间上的耦合，最大限度地满足作物高产与资源高效，避免过多氮肥施用对环境的不利影响。

准确的氮肥推荐用量依赖于作物氮素带走量、不可避免的氮素损失和必需的无机氮存留三项数据的准确量化，即需要准确量化适宜的氮素供应值。然而，一方面产量水平极大地影响着作物氮素带走量；另一方面氮素的矿化量在不同气候或管理条件下变异较大，特别是施用有机肥的设施蔬菜生产体系，氮素的供应更加复杂。因此，量化氮素供应目标值需要在既定的目标产量和环境中进行。在具有相同土壤类型的一个生产地区内，环境氮素输入和土壤氮矿化可视为常值；由于农民对某种蔬菜作物的生产措施相对固定，施肥灌溉习惯相差不大，因此，作物的氮素吸收、保证正常生长的最低无机氮存留、不可避免的氮素损失以及土壤氮矿化等参数变化不大，可以把环境氮素输入量、土壤有机氮矿化量和有机肥氮矿化量作为常值，在经过多次对比和反馈后，提出一个修正的氮素供应值。这样，可以在只考虑推荐前土壤无机氮含量和适宜的氮素供应值的情况下，实现基于根层氮素调控水平下的推荐施肥技术，氮肥推荐可简化为如下公式：

施氮量＝修正的氮素供应值－土壤无机氮残留量

二、基于根层调控和微灌施肥技术的设施番茄水肥管理模式

通过四年田间试验得出，在综合考虑灌溉水和土壤氮素供应和传统有机肥投入和灌溉管理下，番茄目标产量不低于 75 吨/公顷时，冬春季番茄在第一、二、三穗果膨大期和第四、五、六穗果膨大期每次追肥后根层氮素供应分别不低于 250 千克/公顷和 200 千克/公顷，秋冬季番茄在第一、二、三、四穗果膨大期和第五、六穗果膨大期每次追肥后氮素的供应分别不低于 200 千克/公顷和 250 千克/公顷（图 2-2）。如果生长季内氮矿化量很高，供应值可进一步降低到 200 千克/公顷，尤其在气温较高的冬春季。在移栽前以及每穗果膨大期前分别测试根层土壤硝态氮含量，以确定不同生长阶段的氮肥用量，在灌溉水带入氮素量高的情况下 [超过 20 千克/（公顷·季）] 还要确定每次灌溉后灌溉水带入的氮素数量，则施氮量＝修正的氮素供应值－根层土壤硝态氮－灌溉水带入氮量。

秋冬茬番茄定植初期，外界温度高、光照强，宜小水勤浇，大水漫灌易发生立枯病和疫病等。水肥一体化可有效减少每次灌水量，且在高温干旱时期，可以通过减少灌水量、增加灌溉次数来调节田间小气候。基于以上设施番茄根层调控目标值，秋冬茬

番茄建议水肥管理模式如下：在基肥施入干鸡粪 8 吨/公顷、普通过磷酸钙 1.5 吨/公顷、石灰氮 900 千克/公顷、小麦秸秆 9 吨/公顷的前提下，灌水及氮肥追施情况见图 3-6。一般，从番茄定植到幼苗 7～8 片真叶展开、第一花序现蕾后，再浇大水一次，灌溉量每亩 40～60 米³。之后直至第一穗果实直径 2～3 厘米大小前，可适度控水蹲苗，防止徒长。当第一穗果长至"乒乓球"大小时再开始进行灌水追肥，一次浇水量 20 毫米左右。第一至二穗果时期，由于植株需肥量较小，而此时土壤温度较高，土壤供肥能力较强，因此前期只进行少量灌溉而不追肥。当番茄进入第二穗果膨大期，植株生长迅速，需肥量增大，开始进行追肥，由于底肥施用磷肥，因此前期无需施用磷肥，氮素用量如图 3-6 所示每公顷施氮 50 千克、硫酸钾 10 千克。进入第三穗果膨大期后，植株生长旺盛，下部果实较多，植株需肥量增加，一般每 7～10 天每亩追施氮肥、普通过磷酸钙 12.5 千克和硫酸钾 10

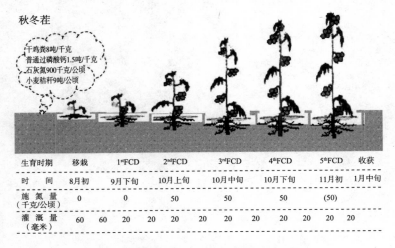

图 3-6　秋冬季设施番茄优化水氮管理模式

1st～6th FCD 表示第一至第六果穗膨大，下同。

千克。进入冬季后，外界气温和光照强度逐渐降低，番茄生长速度逐渐减缓，加之农民为保证棚温，开始拉封口、盖草苫，如果灌水较多，放风不及时，棚内湿度过大容易发生病虫害；施肥较多则容易产生青皮。因此入冬后田间浇水、施肥量应逐渐减少。

此外，浇水施肥时应注意掌握"阴天不浇晴天浇，下午不浇上午浇"的原则。

冬春茬番茄基于根层调控目标值建议水肥管理模式如下：在移栽后一个月左右时，浇水一次，灌溉量每亩 40 毫米。而后间隔 10 天左右，再小浇一水，灌溉量约为每亩 50 毫米。再之后直至第一穗果实直径 2～3 厘米大小前，可适度控水蹲苗，防止徒长。待第一穗果长至"乒乓球"大小时再开始进行灌水追肥，一次浇水量每亩 20 毫米左右。前期由于植株较小、果实较少，植株需肥量较小，因此只进行灌水而不追肥（图 3-7），待进入第二穗果膨大期，开始进行追肥，由于底肥施用磷肥，因此前期无需施用磷肥，氮素用量见图 3-7、硫酸钾 10 千克。此后每隔10～

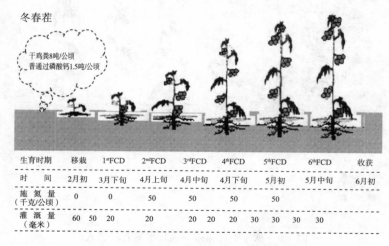

冬春茬

干鸡粪8吨/公顷
普通过磷酸钙1.5吨/公顷

生育时期	移栽	1stFCD	2ndFCD	3rdFCD	4thFCD	5thFCD	6thFCD	收获
时　间	2月初	3月下旬	4月上旬	4月中旬	4月下旬	5月初	5月中旬	6月初
施　氮　量（千克/公顷）	0	0	50	50	50	50		
灌　溉　量（毫米）	60 50 20		20		30	30	30	30

图 3-7　冬春季设施番茄优化水氮管理模式

15 天，追肥一次，氮素用量如图 3-7、硫酸钾 10 千克和普通过磷酸钙 12.5 千克。在番茄进入采收期后，为防止果实青皮，应停止追肥。

三、根层调控技术应用效果

通过四个季节试验考察了根层调控技术应用效果。结果表明，传统施肥和根层调控处理番茄产量分别为 75.6～104.1 吨/公顷和 74.8～110.1 吨/公顷（表 3-4），在四个生长季根层调控与传统施肥处理番茄产量均无差异，说明根层氮素供应目标值是可行，能保证作物产量不降低。与传统处理相比，根层调控处理减少 62%～80% 的氮肥投入，节约了肥料成本，提高了效益（表 3-5）。同时，优化施肥使冬春季氮素表观损失量由传统处理的 750 千克/公顷降低到 362 千克/公顷，秋冬季由 591 千克/公顷降低到 114 千克/公顷，做到了氮素资源的综合管理与作物的高效利用，减轻了过量施氮对环境产生的负面影响。

表 3-4 不同氮素处理对设施番茄冬春季/秋冬季体系产量的影响

处理	2004 冬春	2004 秋冬	2005 冬春	2005 秋冬	累计产量
传统处理（吨/公顷）	84.8 a	75.6 a	91.7 a	104.1 a	356.2 a
根层调控（吨/公顷）	84.2 a	74.8 a	100.9 a	110.1 a	370.0 a

注：同一列中同一生长季下带有相同字母表示不同氮素处理的产量在 0.05 水平差异不显著，下同。

表 3-5 施氮量与效益分析

生长季节	施氮量（千克/公顷）		产值（万元/公顷）		肥料成本（万元/公顷）		效益（万元/公顷）	
	调控	传统	调控	传统	调控	传统	调控	传统
2004 冬春	328	870	12.98	13.09	0.73	0.92	12.25	12.17
2004 秋冬	160	720	11.52	11.69	1.03	1.25	10.49	10.44

（续）

生长季节	施氮量 （千克/公顷）		产值 （万元/公顷）		肥料成本 （万元/公顷）		效益 （万元/公顷）	
	调控	传统	调控	传统	调控	传统	调控	传统
2005 冬春	127	630	17.04	15.37	0.66	0.86	16.38	14.51
2005 秋冬	201	720	27.33	25.75	1.12	1.36	26.21	24.39

注：效益＝施肥处理产值－肥料成本。

通过分析 2004—2012 年 8 年 16 季的数据得出，根层调控处理使每年化学氮肥的施用量从传统的 1 198 千克/公顷降低到 350 千克/公顷，显著提高氮肥利用率 5％的同时对产量有所提高，并使氮肥损失显著降低 66％（图 3-8）。可见，结合生育期内多次土壤测试的实时监控将根层氮素水平维持在供应目标值水平的根层调控技术，可以充分利用来自环境和土壤的氮素，做到保证产量不降低的前提下有效减少氮肥的投入，提高氮素利用效率以及减少氮素的损失。

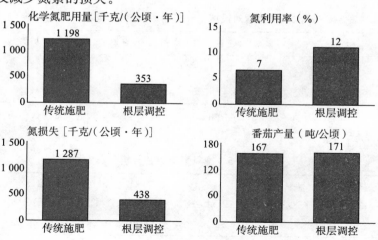

图 3-8 2004—2012 年根层调控对氮肥施用量、利用率、
产量和氮损失的影响

【参考文献】

巫东堂，程季珍 . 2009. 无公害蔬菜施肥技术大全 . 北京：中国农业出版社 .

张洪昌，段继贤，王顺利 . 2014. 蔬菜施肥技术手册 . 北京：中国农业出版社 .

高东帝 . 2013. 大棚番茄高产栽培技术 . 中国园艺文摘，6：185-186.

侯运和 . 2013. 设施蔬菜高效施肥技术研究 . 陕西农业科学，1：119-120.

金建和 . 2012. 保护地番茄需肥特点与施肥技术 . 现代农业科技，17：106.

李俊良，金圣爱，贾晓红，等 . 2008. 蔬菜灌溉施肥新技术 . 北京：化学工业出版社 .

梁成华 . 2000. 菜豆施肥技术 . 新农业，3：29-30.

马国瑞 . 2000. 蔬菜施肥指南 . 北京：中国农业出版社 .

马国瑞 . 2004. 蔬菜施肥手册 . 北京：中国农业出版社 .

马卡西·阿斯哈提，李国萍 . 2011. 温室大棚番茄平衡施肥技术要点 . 新疆农业科技（1）：50-51.

商丽颖，晁彩林 . 2007. 黄瓜氮磷钾养分吸收规律的研究进展 . 科技信息，34：312.

孙春云 . 2011. 豇豆大棚栽培技术 . 现代农业，2：10-11.

王秀琴，杨金龙 . 2003. 各类蔬菜的需肥特点及无公害平衡施肥标准 . 农业科技通讯，7：28-29.

肖建中，卢树昌 . 2013. 菜田土肥水高效综合管理技术与应用 . 北京：化学工业出版社 .

颜群 . 2014. 浅谈设施蔬菜的施肥技术 . 现代农业，1：39-40.

张光民，潘萍萍，夏小玲 . 2008. 保护地黄瓜需肥特性及施肥技术 . 河北农业，2：13.

张洪昌，李星林，王顺利 . 2014. 蔬菜灌溉施肥技术手册 . 北京：中国农业出版社 .

[第四章]
设施蔬菜水分需求与管理

第一节　设施蔬菜水分需求

　　水资源紧张是当前世界范围共同面对的难题。1988年，世界环境与发展委员会的文件表明："水资源正在取代石油成为在全世界引起危机的主要问题"。随着全球性的水资源日趋短缺以及世界总人口快速增长和工业的大力发展，能用于农业的用水的绝对量和相对比例将会不断降低。我国人口众多，农业生产规模大，水资源需求量大。农业用水总量占我国水资源利用总量的70%以上，是我国水资源利用分配的主要去向，农田灌水利用率只有40%～60%，水分利用过程中浪费很严重，水分生产效率不到1千克/米³。结合高产、优质、高效、生态的现代农业发展要求，搞好农业灌水的高效利用对缓解我国水资源危机的意义尤为重要。而发展节水农业是我国及全球水资源短缺形势下农业可持续发展和缓解水资源危机的唯一出路和根本措施。

　　设施蔬菜是实现蔬菜高产、优质、高效生产，解决蔬菜周年生产的重要途径。仅从水分方面来讲，有人研究表明节水灌溉方式对改变土壤离子组成、防止温室土壤盐渍化具有重要作用。所以，节水灌溉不仅直接影响作物的生长同时也间接的影响作物的生长环境。

一、设施蔬菜水分需求研究现状

作物需水量是农业用水的重要组成部分，是确定作物灌溉制度以及灌溉区用水量的基础，是流域规划、地区水利规划、排灌工程规划、设计和管理的基本依据。研究不同作物对水分的需求，探讨各种作物对水分的需求规律，对于正确且合理地指导农业灌溉具有重要的意义。

郭琳（2014）对目前国际和国内关于设施蔬菜水分需要量的研究现状进行了总结。在国际上，一些国外学者基于平流概念，分别提出了塑料大棚气候条件下番茄、黄瓜、莴苣的蒸腾模型。Papadakis 等（1994）研究表明，在法国南部 5～7 月，温室番茄的蒸发蒸腾 43% 来自对流，因此，建立通风条件下的蒸腾模型时要同时考虑辐射和对流的影响。Orqaz 和 Fernadezm（2005）等研究认为：温室滴灌条件下，西瓜的蒸发蒸腾量明显小于露天条件下的蒸发蒸腾量，但是反季节非加热温室条件下种植西瓜，其作物系数与露天条件下的作物系数大致相同。Miranda 和 Oliveira 等（2000）根据蒸渗仪实测的蒸发蒸腾量和用 Penman-Monteith 方程得到的参考作物蒸发蒸腾量，分别计算露天生长条件下西瓜的作物系数。

在我国，汪小等（2002）通过模拟南方现代化温室，研究黄瓜在夏季高温高湿条件下的蒸腾速率，并通过对冠层微气候和蒸腾速率的观测，分析影响蒸腾的主要温室环境因素。罗卫红等（2004）通过对冬季温室小气候和蒸腾速率与气孔阻力的试验观测研究，分析了冬季南方温室黄瓜蒸腾速率的变化特征及其与温室小气候要素之间的定量关系。肖娟等（2004）对咸水滴灌条件下西瓜的作物系数进行了研究，建立了作物系数和需水系数之间的函数关系。叶澜涛等（2007）作物温室系数与温室内气象因素表现出较好的线性与非线性多项式关系，F 检验结果也表明两者之间有显著相关性。刘浩等（2011）利用基于修正后的 Penman-

Monteith 方程，通过分析作物系数与积温的关系，研究并构建了基于常规气象资料的滴灌条件下温室番茄需水量估算模型，并利用开花坐果期和成熟采摘期两个时段内的实测数据对模型模拟结果进行验证。结果表明：修正后的 Penman-Monteith 方程适用于温室参考作物需水量的计算；温室番茄作物系数与积温呈抛物线关系；所建需水量模型模拟值的平均相对误差小于 10%，可用于估算滴灌条件下温室番茄需水量。

二、设施蔬菜水分需求的生理机制

叶片的光合作用不仅受到自然环境光照强度、温度等影响，还受土壤中水分状况的影响。土壤中的水分状况可以改变作物的生长环境，通过影响作物的叶面积大小、气孔的开放程度及叶绿素含量，从而影响其光合作用。目前，我国在设施蔬菜水分需求的生理机制方面已有了一些初步的研究。当灌水量可以满足作物的生长需求时，作物的生理机制可以做出积极的响应。庞云（2006）研究表明较高的灌水量可以避免光合"午休"，提高午后的光合速率。陈金平等（2007）在设施黄瓜上的研究表明，黄瓜叶面积会随着土壤含水量的增加而限制增加，不同水分处理的光合参数差异显著，如表观量子效率、羧化效率等。张西平等（2007）的研究则证明当灌水频率为 3 天，灌水定额为 15 毫米，黄瓜叶面积、叶绿素含量、叶片光合速率、蒸腾速率、气孔导度均最大。

当土壤水分不足，出现水分胁迫时，可显著影响作物的光合速率。有研究表明水分胁迫可以影响作物的光合速率、蒸腾速率及气孔行为，从而影响光合产物的积累、转运及分配并最终影响到产量。卢振民（1998）认为光合速率与土壤水分之间有一阈值，如果超过该阈值，而进行的充分灌溉也将会导致作物的光合速率下降；而蒸腾速率与土壤水分呈正比例相关，其增长速度大于光合速率，从而导致叶片水分利用率下降。因此，研究土壤含水量与光合作用之间的关系对确定作物光合作用最佳时的合理灌溉量有着重要意义。丁兆堂等（2003）对番茄的研究表明当土壤含水量小于 70％时，光合速率急速下降；当土壤含水量仅为 30％时，番茄的光合速率约为 70％土壤含水量时的 1/5。与对照相比，在水分胁迫处理下番茄叶片类胡萝卜素、叶绿素 a、叶绿素 b 均有所增加，其增加程度与胁迫强度相关性较小，但是会随着胁迫时间的延长而增加。卢从明等（1994）认为光合色素的增加可能与胁迫条件下叶片含水量减少相关。

在光照、温度等其他外界条件不受限制时，土壤含水量是制约蒸腾速率的主要因子，而气孔阻力又受土壤含水量的影响。高素华等（1999）研究表明，当土壤含水量降低到一定程度时，气孔阻力随土壤水分含量下降而增加，且影响气孔阻力的所有因素均会对蒸腾速率产生影响。程智慧等（2002）的研究结果表明，水分胁迫使番茄幼叶、功能叶和老叶的气孔导度均显著降低，而且随着胁迫强度的增加和胁迫时间的延续，气孔导度的下降幅度增大。轻度水分胁迫没有改变气孔导度随番茄苗龄增长而增大的趋势；中度水分胁迫改变了气孔导度随苗龄增长而增大的趋势，但气孔导度随胁迫时间延续呈逐渐减低趋势；重度水分胁迫不但改变了气孔导度随苗龄增长而增大的趋势，且短时间（1 天）胁迫就使气孔导度急剧下降到很低水平。Xu 等（1994）和 Bauer 等（1997）认为气孔导度的降低可能与水分胁迫使气孔阻力增大，也可能与作物为适应水分逆境而减少水分蒸腾散失有关。

第二节　设施蔬菜水分管理

一、设施蔬菜水分管理现状

樊兆博（2014）系统地总结了我国目前设施蔬菜的水分管理现状。在我国设施蔬菜主产区，每季灌溉总量介于 300～900 毫米，平均约为 550 毫米，单次平均灌溉量约为 60 毫米，地区之间存在明显的差异。从地区上看，环渤海湾及黄淮设施蔬菜生产区，大多采用地下水灌溉，灌溉量最大。每季灌溉量在 278～1 181毫米，平均约为 645 毫米。在蔬菜主产区山东寿光，每季灌溉量介于 555～1 181 毫米，平均为 794 毫米。相比于寿光，北京、天津和河北等设施蔬菜产区灌溉量相对较少，每季灌溉量介于 278～806 毫米，平均为 512 毫米。西北地区灌溉量中等，但单次灌溉量相对较高。宁夏地区，多采用地下水与河水交替灌溉方式，灌溉次数少，单次灌溉量在 70～90 毫米。而长江中下游地区，蔬菜生长周期较短，地下水灌溉相对较少，每季灌溉233～338 毫米，平均约为 287 毫米。

在我国设施蔬菜产区普遍存在过量灌溉的问题。以 0～30 厘米耕层土为例，每次 50～60 毫米的灌溉量已远远超过土壤的持水能力。过量灌溉也加剧了水分渗漏损失，导致了作物根层无机氮大量损失，降低了作物对养分的吸收利用。同时，作物根系缺氧，根际微生态环境恶化，作物的抗逆性降低。另外，过量灌溉，不仅给植物生长带来不利影响，而且也导致了环境污染风险增加。地下水污染已严重威胁人类的健康。

虽然目前的根层调控技术减少了氮肥的投入，但是大水漫灌，随水冲施的浇水施肥方式仍然导致水肥资源的大量损失。据统计，在大水漫灌模式下，2013 年 8～10 月传统处理和根层调控处理分别有 35%和 27%的灌溉水损失到 90 厘米土层以下，2014 年 1～3月，两处理灌溉水的损失分别达到 34%和 41%（图 4-1）。

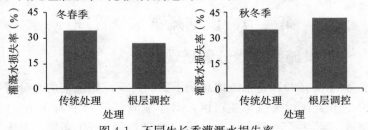

图 4-1　不同生长季灌溉水损失率

二、设施蔬菜水分管理对蔬菜生长和产量的影响

作物干物质的积累主要体现在株高、茎粗、叶片数、叶面积指数和作物各器官生物量的变化上。有研究表明，作物株高、茎粗、叶面积指数以及等指标不仅由作物的遗传特性决定，同时受土壤水分分布情况的影响。水是影响作物生长的重要因素之一，作物通过根吸收土壤中的水分，通过进行光合作用合成碳水化合物，积累干物质。蔬菜与其他作物相比，需水量大，土壤水分含量在蔬菜的整个生长发育进程和生理活动中起重要作用，影响光合速率、蒸腾速率和气孔导度等光合参数，从而影响蔬菜的产量。不同的灌水量会引起不同土壤水分状况，继而影响到作物的生长发育。

目前国内外关于设施蔬菜水分管理对蔬菜生长和产量的影响已有很多研究，在国际上，Vassey 等（1991）研究表明，土壤含水量低导致作物供水不足，而气孔蒸腾旺盛，会降低气孔导度和 CO_2 同化率，或者导致气孔的关闭，从而影响到光合作用和蒸腾作用，进而影响到作物的生长，甚至最终影响到产量的形成。Ho（1999）的研究则进一步证实蒸腾速率的减少抑制了养分的运输和传导，导致干物质积累减少，抑制了番茄果实的膨大，减少了果实单果质量，最终降低了产量。Helms 等（1996）的研究表明，适宜的土壤水分是保证作物生长良好的重要土壤环境参数，不合适的土壤水分环境显著改变作物的正常生长发育期，尤其是在作物的发芽和幼苗生长阶段。Harmnato 等（2005）在番茄上的研究表明，水分无论亏缺还是过饱和均会影响番茄的生长，而在适合的水分处理下番茄才会有较高的株高和叶面积。

在我国，姚磊等（1997）研究表明，当土壤水分含量为田间持水量的 85％时，番茄的茎粗较大，根系活力较强。诸葛玉平（2004）的研究表明，番茄的株高和生物量会随着灌溉下限的增大而减小。高方胜等（2005）通过设定不同的土壤水分含量研究

对番茄生长、产量和品质的影响，表明 80％土壤水分显著提高番茄株高、茎粗和干物质量积累。陈碧华等（2008）通过番茄的生长指标、灌水量建立回归模型，得出番茄的株高、茎粗、叶片数和叶宽与灌溉水量呈正相关关系。也有很多研究表明灌水量与产量呈正相关。

作物生长发育的各个阶段对水分胁迫的敏感度不同，对产量产生的影响也不同。姚磊等（1997）的研究表明，当番茄苗期至开花坐果期进行土壤水分胁迫时，对产量的形成影响不大，因为这一阶段是番茄"蹲苗"时期，土壤水分过多反而不利于根系生长，易造成徒长，也不利于产量的形成，而番茄结果盛期发生水分胁迫对产量影响很大，减产可达 13.8％，番茄结果后期水分胁迫对产量有一定的影响。刘向莉（2005）的研究也同样表明水分亏缺降低果实产量，不同时期进行水分胁迫其产量降低的幅度不同，水分胁迫处理越晚对产量的影响越小，果实膨大期产量降低幅度较小，坐果期降低幅度较大，开花期降低幅度最大。有关研究表明，适当的水分胁迫反而有利于番茄的养分平衡，但是进入果实膨大期后，过度的水分胁迫将会影响到番茄的光合速率和干物质积累，最终影响到产量。从定植到开花坐果期前，灌溉临界点在 0.04 兆帕左右，果实膨大期后灌溉临界点在 0.02 兆帕以下。

水分胁迫可以影响果实干物质的累积和分配，在一定范围内减少灌水，可以提高果实中干物质量，但超过一定范围，会严重影响到果实的生长发育和干物质的积累。因此，适度水分亏缺有利于增加植株总干物质积累，水分胁迫可使植物体内碳水化合物含量上升，总 N 量下降，C/N 比增加。姚磊等（1997）的研究结果表明，水分胁迫处理可增加番茄茎粗，影响株高、叶片数、叶面积大小及叶色深浅。

不同的灌溉方式对土壤水热状况、养分的运移和分配也有一定的影响，同时还会影响到作物的水分养分吸收和产量等。在山东平度樱桃和番茄上的研究表明畦灌冲施肥方式樱桃番茄产量可达 5 325 千克/亩，而采用滴灌施肥技术在施肥量相近的情况下，产量可以增加到 6 586 千克/亩，增产 25.5％；即使滴灌施肥的施肥量比畦灌冲施肥减少近 1/3，产量依旧能够增加 16.4％。如果继续减少施肥量则因为不能满足作物生长发育需求而导致减产（表 4-1）。

表 4-1　不同灌溉施肥方式对樱桃番茄产量的影响

处理	畦灌冲肥	滴灌低肥	滴灌中肥	滴灌高肥
产量（千克/亩）	5 325	4 892	6 198	6 586
增产（％）	—	−8.13	16.39	25.54

　　候松泽等（2001）的研究表明，黄瓜采用滴灌比沟灌节水、增产、节约劳动力，与沟灌相比，滴管可以节水约 42％，增产 24％，可能的原因是滴灌有利于保持土壤结构，防止土壤板结，疏松表面土壤，使得土壤团粒结构得到优化，从而调节了土壤水、气、热状况，有利于作物的生长发育。韩建会等（2003）研究发现，在滴灌处理下，番茄在早春季节的上市时间提前 7～10 天，若遭遇低温阴雪天气时，效果更加显著。与沟灌相比，每生产 1 千克番茄，滴灌可以节水 66.3％，可显著提高温室番茄的水分生产率。同时，滴灌比沟灌增收 10 500 元/公顷。於丽华等（2005）的研究则表明，与漫灌相比，滴灌能显著增加番茄果实的干物质量和果实吸氮量。向东等（2006）通过在温室番茄进行地下灌溉、沟灌、和滴灌 3 种灌溉方式的对比试验，结果表明：地下灌溉的节水效果显著高于沟灌和滴灌，而灌溉量为 0.75L 时，番茄的总产量和根系活力最高。李亮等（2007）的研究也表明，番茄产量从高到低依次为普通渗灌＞节点渗灌＞滴灌＞沟灌，番茄的株高和茎粗差异不显著，而果径的增长速度差异显著。王淑红等（2003）的研究表明渗灌管理不同深度对番茄的株

高、茎粗、果径等影响显著，同时产量和水分利用效率也有差异。杨丽娟等（2004）研究表明沟灌根系层的土壤蒸发损失的水分＞滴灌＞渗灌；滴灌和渗灌方式有助于番茄植株形态指标的建成，番茄产量高于沟灌。在相同的灌水频率下，与沟灌相比，滴管的产量提高了 20％，可能的原因是不同的灌溉方式导致其土壤中的水分分布情况不同，滴灌处理的土壤水分变动层主要为60 厘米以上，且以 20 厘米表层和 40 厘米土层为水分活跃层；沟灌处理的土壤水分变动层已经达到 80 厘米，20 厘米表层、40厘米土层和 60 厘米土层的土壤含水率均表现出明显的周期性变化（王欣，2012）。

三、设施蔬菜水分管理对蔬菜品质的影响

水分在蔬菜的整个生长过程中起非常重要作用，它不但可以影响蔬菜的生长发育和产量，而且可以影响蔬菜的品质。灌水量和灌溉方式可以影响蔬菜对养分的吸收利用，从而影响蔬菜的品质。目前国内外关于水分管理对蔬菜品质的影响已有诸多报道（王欣，2012）。在国际上，Branthome 等（1994）采用滴灌方式研究了不同灌水指标对番茄果实的着色、酸度和可溶性指标的影响，结果表明，当灌水量为 1.0 MET 时，较其他灌水指标相比，产量较高，品质较优。Machado 等（2005）则进一步研究表明，番茄果的可溶性固形物含量以及 pH 随着灌水的增加而减少，当灌水为 1.2ETc 时，番茄的产量最大。在国内，刘明池等（2001；2002）研究表明，水分胁迫处理可以提高番茄果实可溶性固形物含量、滴定酸度、糖酸比、维生素 C 含量，显著提高水分生产率，但是有一定程度的减产。桑艳朋等（2005）的研究结果表明，当土壤含水量占田间持水量的 60％～70％时，减缓了甜瓜的营养生长和生殖生长，制约了可溶性固形物和维生素 C含量的累积；当土壤含水量占田间持水量的 70％～80％时，光合作用增强，从而提高了甜瓜可溶性固形物和维生素 C 的含量；

而当土壤水分含量达到田间持水量的 80％～90％时，导致甜瓜徒长，降低了可溶性固形物和维生素 C 含量。李建明等（2010）的研究表明，不管是在低温还是在常温下，当补充了 80％或120％蒸腾蒸发量灌水时，不仅降低了植株的抗寒性，而且降低了番茄的果实维生素 C、含糖量和可溶性固形物含量等，增大了总酸度，当在番茄开花坐果期补充灌溉蒸腾蒸发量的 100％时，提高了植株生长和果实品质。李清明（2005）通过采用不同的灌溉上限研究了对番茄品质的影响，结果表明当灌溉上限为田间持水量的 90％时，黄瓜的维生素含量、糖含量、可溶性蛋白质含量均高于灌溉上限为田间持水量的 70％、80％和 100％时。由此可以看出，蔬菜的品质与土壤含水量的多少密切相关，灌水量过高或者过低，都有可能不利于蔬菜的良好品质的形成。

除了灌水量的多少对蔬菜品质有影响以外，灌水方式也可能影响蔬菜的品质。杨丽娟等（2004）研究表明，当采用滴灌方式，可降低番茄灰霉病 80％，降低甜瓜霜霉病 85％，降低草莓灰霉病 90％，从而提高了其品质。於丽华等（2005）的研究表明，滴灌较漫灌能显著降低番茄果的硝酸盐含量，从而提高了番茄的果实品质。李亮等（2007）的研究得出在滴灌、普通渗灌、节点渗灌和沟灌这四种灌溉方式下，番茄果的维生素 C 含量、可溶性糖和总酸差异显著，番茄产量从高到低依次为普通渗灌＞节点渗灌＞滴灌＞沟灌，节点渗灌水分生产率最高，滴灌、普通渗灌和节点渗灌的番茄果实有较高的品质和较好的口味。

除了灌水量和灌水方式以外，灌溉施肥方法对蔬菜的品质也有影响。本课题组在山东平度的研究表明，与畦灌冲施肥方法相比，滴灌施肥保持了番茄果实的维生素含量，但可溶性糖含量和糖酸比却高于畦灌冲施肥方法（表 4-2）。

表 4-2   不同灌溉施肥方式对樱桃番茄果实品质的影响

处理	每百克果实含维生素 C（毫克）	可溶性糖（％）	可滴定酸度（％）	糖酸比
畦灌冲肥	23.55	6.47	0.43	15.05
滴灌低肥	23.55	6.89	0.42	16.40
滴灌中肥	23.34	6.78	0.41	16.54
滴灌高肥	23.43	6.69	0.42	15.93

第三节   设施蔬菜水分管理技术应用效果

随着灌溉方式的进步，近年来设施蔬菜水分管理技术应用效果也非常显著。本课题组一直从事设施蔬菜水分管理技术应用效果研究。本节对在山东平度和山东寿光设施蔬菜生产基地的设施蔬菜水分管理技术应用效果的水分利用效率、氮素损失及农学和经济效益进行了分析。

一、对水分利用效率的影响

在山东平度对樱桃番茄的研究表明，畦灌处理按照农户习惯进行灌溉，在樱桃番茄整个生育期内，每亩灌水 320 米^3（表 4-3）；而采用滴灌进行灌溉，均比畦灌降低灌水量，降幅为 156～164 米^3/亩，即节水 49％～51％，节水量非常可观。

表 4-3   不同灌溉施肥方式樱桃番茄的水分利用效率

处理	节水量（米^3/亩）	灌水量（米^3/亩）	水分利用效率（千克/米^3）
畦灌冲肥	—	320.0	16.6
滴灌低肥	163.7	156.3	31.3
滴灌中肥	160.7	159.3	38.9
滴灌高肥	156.1	163.9	40.2

采用滴灌进行灌溉施肥的处理，比起畦灌冲肥的处理，在大量节水的情况下，产量也有不同程度的增加。由于这两方面的原因，灌水量大幅度减少和产量有所增加，滴灌中肥处理和高肥处理实现了增产和灌溉水高效利用的统一，在增加产量 16%～26% 的同时，水分利用效率提高了 1.3～1.4 倍；而低肥虽然节约了灌溉水，却因不能满足作物生长对于养分的需求而减产。

滴灌施肥处理之间的灌溉量存在差异。原因在于，滴灌施肥处理是根据不同生育时期樱桃番茄生长所需要的适宜土壤含水量和实际土壤含水量来确定灌水量，处理间的植株生长由于施肥量不同而出现差异，从而导致耗水量有所不同。随着施肥量的增加，作物生长较强，产量较高，对于土壤水分的利用也比较多，所以灌溉水量也随之有所增加，不同之处在于增加的水分需求对于产量的贡献有所差异。由于产量随着施氮量增加的幅度大于所需水量的增加，樱桃番茄的水分利用效率基本还是随着施肥量的增加而增加。说明在农业生产中，肥料的施用量和灌溉水的用量一样，都是影响水分利用效率的重要因素；水肥配合会更好地促进作物对水分和养分的吸收和利用，而这种配合不仅仅是用量上的配合，还包括灌溉和施肥方式上的配合。

二、对表观氮素损失的影响

于 2006—2007 年在山东寿光典型的设施番茄生产基地的研究表明，农民传统的氮肥投入和灌溉水带入的氮量是番茄地上部带走氮素总量的 4 倍以上，过量的氮肥投入并没有引起植株氮素吸收量的进一步增加，反而造成每季高达 892 千克/公顷的表观氮素损失。频繁的灌溉则加剧了土壤剖面残留硝酸盐大量淋洗损失，与传统水肥处理（W_1C）相比，采用氮素优化管理处理（W_1S）综合考虑了各种来源的氮素，其表观氮素损失比农民传统水肥管理相比减少 30%。而在此基础上进一步优化灌溉措施的田间持水量＋氮素追施调控（W_2S）和固定灌溉额＋氮素追施调控（W_3S）的表观氮素损失与 W_1S 相比又分别减少了 19％和 17％（表 4-4）。

表 4-4　2006 年秋冬季设施番茄种植系统表观氮素损失

处理	移栽前 0～30 厘米 N_{min}（千克/公顷）	有机肥（千克/公顷）	化学氮肥（千克/公顷）	作物携出氮（千克/公顷）	收获后 0～30 厘米 N_{min}（千克/公顷）	表观氮素损失（千克/公顷）
W_1C	388	158	721	169a[3]	206a	892
W_1S	388	158	432	168a	186a	624
W_2S	388	158	325	170a	197a	504
W_3S	388	158	353	174a	210a	515

注：表观氮素损失＝（移栽前 0～30 厘米 N_{min}＋有机肥 N＋氮肥＋灌溉水带入氮）－（收获后 0～30 厘米 N_{min}＋作物地上部吸收氮素）；有机肥带入氮以全氮计；同一列带有相同字母表示收获后 0～30 厘米土壤 N_{min} 在 0.05 水平下差异不显著。

三、对农学效益的影响

表 4-5 显示了不同处理间的灌溉水农学效益。可以看出，与农民传统灌溉处理（W_1C 和 W_1S）相比，在保证番茄产量不受影响的前提下，两个优化灌溉处理（W_2S 和 W_3S）显著降低了番茄整个生育期内的灌溉水量，从而在一定程度上提高了设施番茄种植体系的灌溉水农学效益。W_2S 和 W_3S 处理的灌溉水农学效益分别为 20.8 千克/米^3（FW）和 17.7 千克/米^3（FW），与农民传统灌溉的 W_1C 和 W_1S 两个处理相比，分别提高了 5.5 千克/米^3 和 2.4 千克/米^3（FW）。从而反映出两个优化灌溉处理（W_2S 和 W_3S）在一定程度上提高了设施番茄种植体系的灌溉水利用效率。其中，田间持水量＋氮素追施调控处理（W_2S）的灌溉水农学效益又显著高于固定灌溉额＋氮素追施调控处理（W_3S）。

表 4-5　2006 年秋冬季番茄不同处理的灌溉水农学效益

处　　理	产量 （吨/公顷）	灌溉量 （米³/公顷）	灌溉水农学效益 （千克/米³，FW）
传统水氮管理 W_1C	94.1a	6 190	15.2c
传统灌溉＋氮素追施调控 W_1S	94.4a	6 190	15.3c
田间持水量＋氮素追施调控 W_2S	97.1a	4 660	20.8a
固定灌溉额＋氮素追施调控 W_3S	92.0a	5 190	17.7b

注：同一列带有相同字母表示不同处理的产量在 0.05 水平下差异不显著；灌溉水农学效益＝各处理产量/灌溉量；同一列带有相同字母表示不同处理的水分农学利用率在 0.05 水平下差异不显著。

四、对经济效益的影响

表 4-6 显示了 2006 年秋冬季试验中不同处理间的各项费用投入及番茄的总产值情况。可以看出，设施蔬菜是高产出的种植模式。本试验条件下，四个处理每季番茄的平均产值约为 22.5 万元/公顷。设施蔬菜种植模式的高效特点，诱使农民妄想通过增加肥料、灌溉和农药等的投入来谋求更高的利润。从表 4-6 可以看出本试验条件下，每季施肥、灌溉、农药和棚膜等各项费用投入成本已达 2.5 万元/公顷，占每季番茄总产值的 10% 以上。过高的成本投入并没有带来更高的利润，反而在一定程度上降低了农民的纯收益。

表 4-6　2006 年秋冬季不同处理间的各项费用投入及番茄的总产值

处理 投入	传统水肥管理 （万元/公顷）	传统水＋氮素追施调控 （万元/公顷）	田间持水量＋氮素追施调控 （万元/公顷）	固定灌额＋氮素追施调控 （万元/公顷）
氮肥投入	0.24	0.12	0.09	0.10
灌溉用电费用	0.09	0.09	0.07	0.08
水费	0	0	0	0

（续）

处理 投入	传统水肥管理（万元/公顷）	传统水＋氮素追施调控（万元/公顷）	田间持水量＋氮素追施调控（万元/公顷）	固定灌额＋氮素追施调控（万元/公顷）
有机肥投入	0.26	0.26	0.26	0.26
磷钾肥投入	0.32	0.32	0.32	0.32
棚膜农药投入	1.75	1.75	1.75	1.75
总投入	2.66	2.55	2.50	2.51
总产值[1]	22.6a[2]	22.7a	23.3a	22.1a

注:[1] 总产值＝产量 * 平均价格（2.4元/千克）;[2] 同一行中带有相同字母表示总产值在 0.05 水平下差异不显著。

本试验中，在传统灌溉方式下，采用氮素追施调控技术（W_1S）每季可通过减少氮肥投入量减少 1 119 元/公顷的化学氮肥投入成本。在氮素追施调控的基础上进行优化灌溉的 W_2S 和 W_3S 两个处理，进一步减少了化学氮肥的投入成本，每季可分别减少 1 456 元/公顷和 1 374 元/公顷。此外两个优化灌溉处理每季通过减少灌溉用电量也可减少 219 元/公顷和 143 元/公顷。综合追施氮肥和灌溉水用电成本，W_2S 和 W_3S 处理每季可以减少 1 675 元/公顷和 1 517 元/公顷的成本投入，分占农民传统处理肥料和灌溉用电投入成本的 18.5% 和 16.7%。从而在保证每季番茄总产值无显著差异的前提下，通过减少生产投入成本来相应的增加农民的经济收入。此外，采用优化灌溉也可通过减少灌溉量，降低设施环境内的湿度，降低病虫害的发生概率，进而可减少设施蔬菜生产中农药投入。通过表 4-6 还可以看出，农民在生产过程中的灌水费用为 0 元/公顷，这是因为目前的生产过程中农民使用地下水除用电外不需承担任何费用，地下水的无偿使用或许也是制约设施蔬菜生产体系减少灌溉量的原因之一。单纯从经济角度来说，优化灌溉并没有通过减少灌溉量给农民带来很大的经济效益，但从资源的角度来考虑，本试验条件下的两个优化灌溉处理（W_2S 和 W_3S）番茄主要生育时期的灌溉量分别减少 45.8％和 29.9％。这对水资源紧缺的严峻形势来说，具有重要的现实意义。

【参考文献】

陈碧华，郜庆炉，杨和连，等．2008．日光温室内膜下滴灌水肥耦合技术对番茄品质的影响．江苏农业学报（4）：476-479.

陈金平，刘祖贵，段爱旺．2007．温室黄瓜叶面积扩展与光合特性对水分的响应研究．中国生态农业学报（1）：91-95.

陈玉民，孙景生，肖俊夫．1997．节水灌溉的土壤水分控制标准问题研究．灌溉排水，16（1）：24-28.

程智慧，孟焕文，StephenARolfe，等．2002．水分胁迫对番茄叶片气孔传导及光合色素的影响．西北农林科技大学学报：自然科学版，12（6）：93-95.

丁兆堂，卢育华，徐坤．2003．环境因子对番茄光合特性的影响．山东农业大学学报：自然科学版，34（3）：356-360.

杜宝华，刘明孝，洪佳华．1990．冬小麦群体光照条件及其光合特征．中国农业气象，11（3）：27-30.

杜尧东，宋丽莉，刘作新．2003．农业高效用水理论研究综述．应用生态学，14（5）：808-812.

樊兆博．2014．滴管和漫灌施肥栽培体系下设施番茄产量和水氮利用效率的评价．北京．中国农业大学．

房军，方小宇，吕东玉，等．2006．丘陵半干旱区作物需水规律的研究进展．安徽农业科学，34（39）：4 847-4 849.

葛晓光．2002．菜田土壤与施肥．北京：中国农业出版社．

郭琳．2014．灌水量对日光温室番茄产量及土壤营养变化的影响．郑州：河南农业大学．

韩斌．2015．关于农田水利节水灌溉措施的探析．科技创新与应用（25）．

韩建会，徐淑贞．2003．日光温室番茄滴灌节水效果及灌溉制度的评价．西南农业大学学报（1）：77-79.

贺超兴，张志斌，刘富中，等.2001. 日光温室水钾氮耦合效应对番茄产量的影响. 中国蔬菜，1：31-33.

候松泽，张书.2001. 保护地滴灌黄瓜节子灌溉模式试验研究. 黑龙江水利科技（4）：11-13.

李建明，王平，李江.2010. 灌溉量对亚低温下温室番茄生理生化与品质的影响. 农业工程学报（2）：129-134.

李亮，张玉龙，马玲玲，等.2007. 不同灌溉方法对日光温室番茄生长、品质和产量的影响. 北方园艺（2）：75-78.

李清明，邹志荣，郭晓东，等.2005. 不同灌溉上限对温室黄瓜初花期生长动态、产量及品质的影响. 西北农林科技大学学报，4：47-51.

刘浩，孙景生，梁媛媛，等.2011. 滴灌条件下温室番茄需水估算模式. 应用生态学报，22（5）：1 201-1 206.

刘明池，陈殿奎.2002. 亏缺灌溉对樱桃番茄产量和品质的影响. 中国蔬菜（6）：4-6.

刘明池，小岛孝之，陈杭，等.2001. 亏缺灌溉对草莓果实特性、植株生长和产量形成的影响. 园艺学报，28（4）：307-311.

刘向莉.2005. 亏缺灌溉提高番茄果实品质风味的基础研究. 北京：中国农业大学.

卢从明，张其德，匡廷云.1994. 水分胁迫对光合作用影响的研究进展. 植物学通报，11（增刊）：9-13.

卢振民.1998. 土壤水分含量对冬小麦气孔开启程度的影响. 植物学报，28（4）：419-426.

罗卫红.2004. 南方现代化温室黄瓜冬季蒸散量与模拟研究. 植物生态学报，28（1）：59-65.

庞云.2006. 温室无土栽培黄瓜水肥耦合效应研究初探. 内蒙古农业科技（6）：49-50.

庞云.2006. 樱桃番茄结果期叶片光合速率与水—肥的关系试验. 内蒙古农业科技（S1）：25-26.

桑艳朋，王祯丽，刘慧英.2005. 膜下滴灌量对甜瓜产量和品质的影响. 中国甜瓜，6：11-13.

山仑.1999. 借鉴以色列节水经验发展我国节水农业. 水土保持学报，6

（1）：117-120.

田义，张玉龙，虞娜，等．2006.温室地下滴灌灌水控制下限对番茄生长发育、果实品质和产量的印象．干旱地区农业研究，24（5）：88-92.

汪小．2002.南方现代化温室黄瓜夏季蒸腾研究．中国农业科学，35（11）：1 390-1 395.

王淑红，张玉龙，虞娜，等．2003.保护地渗灌管的埋深对土壤水盐动态及番茄生长的影响．中国农业大学学报，36（12）：1 508-1 514.

王为木，高缙．2010.不同灌概方式对温室表层土壤盐分积累的影响．安徽农业科学，38（12）：6 434-6 435.

王熹，郑国生，邹奇．1997.干旱与正常供水条件下小麦光合午休及其机理的研究华北农学报，12（4）：48-51.

王欣．2012.灌溉施肥一体化对设施番茄产量和水氮利用效率影响研究．北京：中国农业科学院．

王新元，李登顺，张喜英．1998.温室盆栽黄瓜耗水量与水分利用效率的试验研究．海河水利，2：12-14.

向东，孙志强，段广洪，等．2006.不同灌溉方式对大棚西红柿生长发育的影响．灌溉排水学报，25（5）：68-71.

肖娟，雷廷武，李光永，等．2004.西瓜和蜜瓜咸水滴灌的作物系数和耗水规律．水利学报（6）：118-124.

肖自添．2008.温室基质栽培番茄水氮耦合效应研究．中国农业科学．

徐迎春．2001.水分胁迫期间及胁迫解除后苹果树源叶碳同化物代谢规律的研究．果树学报，18（1）：160-162.

杨丽娟，张玉龙，须晖，等．2004.灌溉方法对保护地土壤耗水量与番茄水分利用效率的影响．灌溉排水学报（3）：49-51.

杨玉惠，杨思存，王成宝，等．2014.连作条件下不同施肥处理对设施黄瓜产量和品质的影响．土壤，46（1）：83-87.

姚磊，杨阿明．1997.不同水分胁迫对番茄生长的影响．华北农学报，12（2）：102-106.

姚磊，张晋岩，张万青．1993.露地番茄不同时期灌水开始点组合试验．北京农业科学，11（2）：25-29.

叶澜涛，彭世彰，张瑞美，等．2007.温室滴灌西瓜作物系数的计算及模拟．水利水电科技进展，27（5）：23-25.

於丽华，韩晓日，娄春荣，等.2005.不同灌溉方式和施肥处理对番茄氮素吸收及产量和品质的影响.沈阳农业大学学报（4）：286-289.

张西平，赵胜利，张旭东，等.2007.不同灌水处理对温室黄瓜形态及光合作用指标的影响.农业工程科学，23（6）：622-625.

周春菊，薛万新，邹养军，等.1998.早熟番茄苗期光合特性的研究.西北农业学报，7（1）：60-63.

诸葛玉平，张玉龙，张旭东，等.2004.应用生态学报，15（5）：767-771.

邹冬生.1989.不同土壤水分条件下番茄叶片光合及蒸腾日变化研究，中蔬国菜（6）：8-9.

Bauer O，Biehler K，Fock H，et al. 1997. Aroleofcytosolic glutamine synthetasein there mobilization of leaf nitrogen during water stressin tomato. Physiologia Plantarum，99：241-248.

Branthome X，Ple Y，Machado J R. 1994. Influence of drip on the technological characteristics of processing tomatoes. Acta Horticulturae，376：285-290.

Harmanto，Salokhe V M，Babel M S，et al. 2005. Water requirement of drip irrigated tomatoes grown in greenhouse in tropical environment. Agricultural Water Management，71：225-242.

Helms T C，Deckard E，Goos R J，et al. 1996. Soil moisture，temperature，and drying influence on soybean emergence. Agron. J.，88：662-667.

Ho L C. 1999. The physiological basis for improving tomato fruit quality. Acta Hort.，487：33-40.

Machado R M A，Oliveira M R G. 2005. Tomato root distribution，yield and fruit quality under different subsurface drip irrigation regimes and depths. Irrigation Science，24：15-24.

Min J，Zhang H L，Shi W M. 2012. Optimizing nitrogen input to reduce nitrate leaching loss in greenhouse vegetable production. Agricultural Water Management，111：53-59.

Miranda F R，Oliveira J J G. 2000. Evapotranspiration and crop coefficients for water melon in the Northeast of Brazil. Trans of the ASAE，2：3 315-3 324.

Orqaz F，Fernadezm D. 2005. Evapotranspiration of horticultural crops in an unheated plastic greenhouse. Agricultural Water Management, 72 (2): 81-96.

Papadakis G, Frangoudakis A, Kiritsis S. 1994. Experimental investigation and modelling of heat and mass transfer between a tomato crop and the greenhouse environment. Journal of Agricultural Engineering Research, 57: 217-227.

Pollet, S. 1999. Application of the Penman-Monteith model to calculate the evapotranspiration of head lettuce Lactuca Satioa L varcapitats in glasshouse conditions. Acta Horticulture, 519: 151-161.

Ramos, C., Agut, A., Lidon, A. L., 2002. Nitrate leaching in important crops of the ValencianCommunity region (Spain). Environmental Pollution, 118: 215-223.

Vassey T L, Quick P, Sharkey T D, et al. 1991. Water stress, carbon dioxide, and light effects on sucrose phosphate synthase activity in phaseolus vulgaris. Physiologia Plantarum, 81: 37-44.

Xu D Q, Terashima K, Crang R E E. 1994. Stomatalandnons tomatal accilimation to a CO_2 enriched atmosphere. Biotronics, 23: 123-128.

Zhao Y, Luo J H, Chen X Q, et al. 2012. Greenhouse tomato-cucumber yield and soil N leaching as affected by reducing N rate and adding manure: a case study in the Yellow River Irrigation Region China. Nutrient Cycling in Agroecosystems, 94: 221-235.

第五章

微灌施肥工程与设备

第一节　微灌施肥工程的类型及特点

根据不同的灌溉施肥方式，微灌施肥工程分为喷灌施肥工程和微灌施肥工程等。喷灌施肥指把肥料溶解在灌溉水中，通过喷灌机械，水肥结合施用的一种施肥方法。微灌施肥是利用低压管道系统把溶有肥料的灌溉水输送到灌水器，然后通过灌水器施入作物根系附近，适用于山区果树和蔬菜作物。微灌施肥的特点有：①小流量、长时间、高频率；②水和液体肥料通过灌水器供应到作物根系分布的土壤内，为典型的局部灌溉；③灌水器流量根据土壤的入渗率和扩散率确定，地表湿润范围小，蒸发率低，防止水土流失和深层渗透；④除了灌水器附近可能出现局部的饱和区外，其他地方土壤水分运动均为非饱和运动（滴灌和涌泉灌）；⑤不影响土壤的通气性，不明显影响土壤温度；⑥增产、节水、节肥、省工、节能、提高作物品质、使作物提早上市，与常规法相比，通常节水 30%～40%，节肥 30%～50%；⑦不需要平地，不影响田间管理与收获活动；⑧可用于多种作物栽培条件，防止土壤和环境的污染；⑨微灌施肥可控性好，通过微灌系统进行施肥，相当于"用勺喂"作物，给作物"打点滴"，能够容易、准确地控制施肥的时间、次数、养分品种和量以及浓度，并可根据植株、土壤监测结果以及市场需要等及时调控养分供应，使作物养分供应均匀，进而控制所有作物长势一致。微灌施肥的局限性在于：一次性投资较大；对管理和技术要求较高；对肥料的选择有较高要求；长期应用微灌施肥，易造成湿润区边缘盐分积累，且施肥通常只湿润部分土壤，根系生长可能局限在湿润区域，可能造成限根效应。

微灌施肥按灌水器类型不同可分为滴灌、微喷灌、涌泉灌、低压软管灌施肥等形式（图 5-1）。滴灌是利用安装在末级管道（称为毛管）上的滴头，或与毛管制成一体的滴灌带将压力水以水滴状湿润土壤，灌水器流量一般为 1～8 升/小时。该技术是目前干旱缺水地区最有效的节水灌溉方式，水分利用效率达 95％以上。通常情况下毛管和灌水器放在地面，也可把毛管和灌水器埋入地面以下 30～40 厘米，前者称为地表滴灌，后者称为地下滴灌（渗灌）。滴灌施肥按照作物需水需肥要求，将水和养分均

图 5-1 不同微灌施肥展示图

匀、缓慢地滴入作物根区，可节水 50%，节肥 30% 左右，从而提高水肥利用率，并且不破坏土壤结构，使土壤内部水、肥、气、热保持适宜水平；滴灌施肥进行过程中可以进行其他的农事操作，省工省力；滴灌施肥降低设施内湿度，减轻病虫害，减少农药用量，同时避免冬季漫灌造成的设施内温度降低；另外，滴灌施肥还可通过调整肥料溶液的 pH 和 Ec 值，提高养分的有效性。

微喷灌是利用直接安装在毛管上或与毛管连接的微喷头将压力水以喷洒状湿润土壤。微喷头有固定式和旋转式两种，前者喷射范围小，水滴小；后者喷射范围较大，水滴也大些，故安装的间距也大。微喷头的流量通常为 20～250 升/小时。微喷灌是在喷灌和滴灌基础上逐步形成的一种高效节水灌溉技术，集喷灌和滴灌两者之长，避喷灌和滴灌两者之短。微喷灌是压力较小，流量较小，微小水滴的喷灌，可以根据作物的位置进行局部湿润，比喷灌省水。除用于作物灌水外，还可以加湿，降温，调节田间小气候。主要优点有：①节水效果较喷灌更好。微喷灌可以选择地对作物根部直接灌水，减少土壤无效耗水。②灌水质量较喷灌高。微喷灌喷水如牛毛细雨，有利于根系发育，且不会引起土壤板结，还能改善土壤小气候，使株间湿度提高 20%，气温降低 3～5℃，可以消除作物"午睡"现象，促进作物正常生长；同时微喷灌水滴小，无打击力，不会损伤作物嫩叶幼芽。③适应性强。微喷灌不会在黏性土壤中产生径流，也不会在沙性土壤中产生渗漏，对土质的适应性强。同时既可以用于平原，也可以用于丘陵，对地形的适应性也比较强。④防堵性能好。微喷头的出水孔径和出水速度大于滴头，所以相对滴灌堵塞可能性大大减少，同时也降低了水质对过滤的要求，降低过滤成本。⑤应用范围广。微喷灌系统可以水肥同灌，叶面和地面同施，提高肥料喷药效率，节省了肥、药的用量。

涌泉灌（小管出流灌）在我国使用的小管出流灌溉是利用

Φ4 的小塑料管与毛管连接作为灌水器，以细流（射流）状局部湿润作物附近土壤，小管灌水器的流量为 10～250 升/小时。

重力低压软管灌是利用渠道 30～50 厘米水头水位进行重力输水和多孔 50 或 75 毫米直径喷水管灌溉。其优点是投资少，缺点是灌溉施肥不均匀，塑料原料使用率低，易造成污染。

第二节　微灌施肥工程材料与设备

微灌施肥技术是设施农业的关键技术之一，具有省水节肥、保护环境、提高作物产量品质等优点，更能充分发挥设施农业集约化、现代化生产的优势，具有广泛的应用前景。一个完整的微灌施肥系统，一般由灌水器、各级输水管道和管件，各种控制和量测设备，过滤器、施肥装置和水泵电机、电器控制装置、水源等配套组成。

一、灌水器

灌水器（或称配水器）是微灌系统的出流部件，其作用是消杀或分散有压管道输送来的集中的能量，均匀而稳定地向作物根区土壤配水，以满足作物生长的需要。灌水器是体现微灌技术特点的核心部件，灌水器是否适用直接影响微灌系统的灌水质量、工程投资和使用寿命。因此要求出水量小，出水均匀、稳定，抗堵塞性能好，制造精度高，结构简单，坚固耐用，价格低廉等。根据所使用灌水器类型常将微灌系统区分为滴灌系统（灌水器使用滴头、滴灌带）、微喷灌系统（灌水器使用微喷头）、小管出流灌（涌泉灌）系统（灌水器使用灌管带、涌水器）。目前国内外生产应用于设施农业的灌水器种类很多，主要有滴头、微喷头、小管出流灌水器组合和渗灌管四大类。

1. 滴头　滴头是滴灌系统中最关键的部件，是通过流道或孔口将末级管道中的压力水流变成滴状或细流状的装置。其作用是使毛管中的压力水流经过滴头消能后，以稳定的速度一滴一滴地滴入土壤。按水力学消能方式可以分为：孔口消能滴头、长流道管式滴头、涡流消能滴头、压力补偿式滴头和滴灌带（管）等。

（1）孔口消能滴头　孔口消能滴头是利用孔口的收缩扩散和孔顶折射产生的局部水头损失以消去毛管水流中的水头，经由横向出水道改变流向，将水流分散成水滴滴出，如图 5-2 所示。

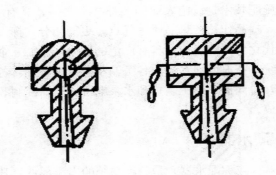

图 5-2　孔口消能滴头示意图

（2）长流道管式滴头　长流道管式滴头是利用狭窄的流道壁与水流之间产生的沿程水头损失来消去水流中的能量，变成水滴滴出。如微管滴头、内镶式滴头、内螺纹管式滴头。如图 5-3、图 5-4 所示。

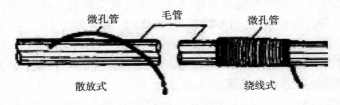

图 5-3　长流道管式滴头示意图

图 5-4 长流道管式滴头示意图

（3）涡流消能式滴头 涡流消能式滴头是利用灌水器涡室内形成的涡流来消能。水流进入灌水器的涡室内形成漩涡流，由于水流旋转运动产生的离心力迫使水流趋向涡室的边缘，在涡流中心产生一低压区，使中心的出水口处压力较低，因而出水量较小。如图 5-5 所示。设计良好的涡流滴头的流量对工作水头的敏感程度比较小。

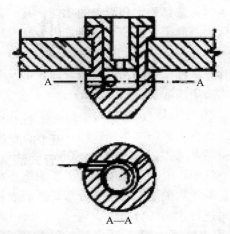

图 5-5 涡流消能式滴头示意图

（4）压力补偿式滴头 压力补偿式滴头是利用水流压力对滴头内的弹性体（片）的作用，使流道（或孔口）形状改变或过水断面大小随压力而变化，从而使滴头出流量自动保持稳定，出水均匀度高，同时还具有自清洗功能，增强抗堵塞能力，但制造较复杂。滴头在工厂生产时采用外镶式安装于滴管上，故称为管上式滴灌管。如图5-6所示，由迷宫底座、插座和橡胶补偿片三部分组成。

图5-6　压力补偿式滴头示意图

2. 滴灌带（管）　滴灌带（管）是在制造的过程中将滴头与毛管组装成一体，兼具配水和滴水的功能。其中管壁较薄，可压扁成带状的称为滴灌带，管壁较厚，管内装有专用滴头的称为滴灌管。滴灌带一次性投资低，但使用寿命短，一般使用1～2个灌季。滴灌管一次性投资高，但使用寿命长，一般抗堵塞性能和出水均匀性均高于滴灌带。

3. 微喷头　微喷头是将末级管道（毛管）中的压力水流以细小水滴喷洒在土壤表面的滴水器。用这种滴水器的灌溉称为微喷灌，相应的微灌系统为微喷灌系统。在微喷灌中，压力水流经微喷头喷射到空气中，受空气阻力作用下形成细小水滴洒落在土壤表面，空气有助于微喷灌中的水量分布，而滴灌和小管出流灌主要是靠土壤来进行水量的分布。

4. 涌水器和小管灌水器　涌水器的结构形式如图5-7示，毛管中的压力水流通过涌水器以涌泉的方式灌于土壤表面。小管灌水器（图5-8）。它是由塑料小管和接头连接插入毛管壁而成，具有工作水头低、孔口大、抗堵塞能力强等优点。用涌水器以涌泉的形式或用小管灌水器以小股水流形式灌溉土壤的方式称为涌泉灌（或小管出流灌），相应的微灌系统为涌泉灌（或小管出流灌）系统。

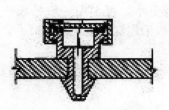 

图 5-7　涌水器结构示意图　　图 5-8　小管灌水器示意图

5. 渗灌管　渗灌可在低压条件下，通过埋于作物根系活动层的灌水器（微孔渗灌管），根据作物的生长需水量定时定量地向土壤中渗水供给作物。

渗灌管是可以利用回收的橡胶和一些特殊的添加剂，制成新型渗灌管，管壁上分布许多肉眼看不见的细小弯曲的透水微孔，在 $10\sim20$ 帕/厘米^2 压力下便从透水微孔中如冒汗状从管壁渗出。由于微灌系统的灌水流量小，微灌灌水器流道尺寸一般为 $0.25\sim2.5$ 毫米，这样小的流道易于堵塞。影响灌水器抗堵塞性能的两个重要因素是灌水器流道尺寸和流道中水的流速。根据最小流道尺寸可将灌水器堵塞敏感程度进行分类。当流道最小尺寸小于 0.7 毫米时，为很敏感；当流道最小尺寸为 $0.7\sim1.5$ 毫米时，为敏感；大于 1.5 毫米，为不敏感。对于流道中水的流速，一般认为流速在 $4\sim6$ 米/秒，可满足抗堵塞性能要求。为了减少堵塞，一般要求对各种灌溉水进行仔细过滤。同时可将灌水器设计成具有一定的自冲洗功能。当系统打开或关闭时，在压力逐渐上升或下降过程中，压力低于某一特定值时，灌水器内的补偿元件就会脱离流道，使流道变得很宽，杂质被冲出。

二、水泵

微灌系统要求水流具有一定的压力，因此需要用水泵加压。

水泵的作用是从水源取水并为微灌系统提供必要的流量和压力，设施农业常用的水泵类型为离心泵。在选择机泵时，如果滴灌水源是河水或小于 10 米深的浅层地下水，可采用一般的离心泵；当灌溉水源水深大于 10 米时，一般采用深井泵或潜水泵。

1. 离心泵的特点

（1）体积小，重量轻，结构简单，使用方便，效率高，质量好，价格低。

（2）对需要移动的水泵机组，要求灵巧、轻便。

（3）水泵压力除需要满足输水要求外，还需要考虑喷头的工作压力，扬程一般在 30 米以上。

（4）喷灌用泵的流量一般在 20～200 米^3/小时。

一般的离心泵结构简单，造价低廉，使用方便，缺点是在正常工作时需要有充水设备。井泵一般在井灌区选用，其特点是可以安放在水下运行，但是造价较高。长轴井泵用于地下水埋深较浅的情况，潜水泵对地下水埋深的适应性较强，但是对电机的绝缘性要求较高。

2. 水泵的基本参数　水泵有流量、扬程、功率、效率、转速、必需汽蚀余量 6 个基本参数，它们综合反映了水泵的基本性能和运行特性，是选择和使用水泵时的重要参数。

（1）流量　指单位时间内通过水泵出口断面的水的体积。

（2）扬程　指单位重量水体通过水泵进出口的能量差。流量和扬程是选择水泵的主要依据。系统的流量和扬程的大小决定了水泵的类型、参数和结构特点。实际工作时，水泵的扬程为它给系统提供的水头高度。

（3）轴功率　指水泵在运行时所需要输入的功率大小。功率是选择配套动力的主要依据之一。

（4）转速　水泵叶轮（泵轴）的旋转速度。

（5）效率　水泵输出功率与输入功率的比值，反映水泵设计和制造水平的高低。

（6）允许吸上真空高度 反映水泵的汽蚀性能高低的参数，用于确定水泵的安装高程。

3. 配套动力机选型 水泵的配套动力可以选择电动机、柴油机和汽油机等设备。在电力供应方便，机组不需要频繁移动的地方常选择固定机组，主要用电动机配套。由于喷灌系统所用电动机容量一般较小，多选用 Y 系列异步电动机和其他的微型电动机。柴油机和汽油机主要用在不便于安装电力线路和机组频繁移动的地方。

机组常用的传动方式有直接传动和间接传动两种方式。直接传动装置结构紧凑，传动效率高，是电动机组的主要传动方式。缺点是不能够实现变速，同时对安装精度要求较高。间接传动可以实现传动速度和方向的调节，缺点是效率低，尺寸大。常用的间接传动装置有皮带传动装置和齿轮传动装置，多用于柴油机组。

4. 水泵机组的造型和配套 水泵机组的选型包括选择水泵、动力机和传动方式三部分。厂家在生产小型水泵机组的同时就已经配套了动力机和传动装置，所以在实际选型时，主要根据系统工作的特点（固定还是移动、保证率高低等）确定是采用电动机组还是柴（汽）油机组，然后根据系统的扬程高低和流量的大小确定水泵的类型和机组型式。选用机组时应注意以下几点：

（1）普通离心泵在正常运行时，需要进行充水才能够正常启动。为了方便机组的启动，可以选择自吸泵。

（2）在井灌区应选用井泵。

（3）在需要考虑配套动力机的地方，配套动力的功率应与水泵的轴功率匹配，不宜过大而造成浪费，若过小则会使电机过载。

（4）喷灌系统的设备利用率一般较低，在选用时一般不考虑备用机组。

（5）系统校核工作点应位于高效区。

三、施肥装置

施肥装置的作用是根据作物不同的生长阶段，进行适量的追肥，满足作物生长的需要。一般来讲，施肥器分吸肥和注肥两种。吸肥是用特定的装置，在灌溉管道的某一处产生负压，把肥料溶液吸入管道和灌溉水混合，送到作物根区。注肥是通过外加动力，把肥料溶液注进压力管道，和灌溉水混合，到达作物根区。两种方式各有特点，主要是根据实际种植情况来选择。

微灌系统中常用的施肥装置有压差式施肥罐、文丘里注入器、注入泵和开敞式肥料罐自压施肥装置等。

1. 压差式施肥系统　如图 5-9 所示，该系统由压差式化肥缸、过滤器、控制阀和连接管件等组成。压差式施肥罐由两根细管分别与施肥罐的进、出口连接，然后再与主管道相连接，在主管道上两条细管接点之间设置一个截止阀以产生一个较小的压力

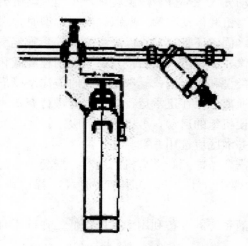

图 5-9　压差式施肥系统示意图

差（1～2米水压），使一部分水流流入施肥罐，进水管直达罐底，水溶解罐中肥料后，肥料溶液由出水口进入主管道，将肥料带到作物根区。施肥的时间，可以用电导率仪测定施肥所需时间。也可以在施肥罐中放入适当颜料，看出水口颜色消失来估计施肥时间。施肥完后关闭施肥罐的进出口阀门。

　　压差式施肥系统的优点是不需外加动力设备，价格低廉、使用方便；缺点是溶液浓度变化大，无法控制。罐体容积有限，添加化肥次数频繁且较麻烦。输水管道因没有调压阀会造成一定的水头损失。温室大棚经济价值不高的作物栽培中可选择使用此施肥罐。施肥罐属总量控制施肥，作业时肥液浓度不断衰减，由于肥液浓度的变化难以实现精量控制，因此，不适合自动化程度要求高的温室中选用。

　　2. 文丘里注入器　文丘里施肥器与滴灌系统或灌区入口处的供水管控制阀门并联安装，使用时将控制阀门关小，造成控制阀门前后有一定的压差，使水流经过安装文丘里施肥器的喉管，利用水流通过文丘里管产生的真空吸力，将肥料溶液从敞口的肥料桶中均匀吸入管道系统进行施肥（图5-10）。文丘里施肥器具有造价低廉，使用方便，施肥浓度稳定，无需外加动力等特点，但压力损失较大，一般应用于灌溉面积不大的场合。对于首部工作压力较小的温室，不宜使用文丘里施肥器，尤其是国内产品，否则容易出现不吸肥甚至是倒吸现象。通常适用的是单位灌溉面积1～5亩场合，在1～3个大棚前段连接文丘里施肥器，省工效果非常明显。文丘里施肥器的主要部件是文丘里喉管，在喉管的里面，有一个流道导向装置，是两个带锥度的管口设计，压力水进入喉管时，由于管径迅速变小，流速就会迅速加大，当流速以最大速度通过进水管口时，在射流水柱的周边，产生一个负压区，从而把肥料吸进混合室，达到施肥的目的。文丘里施肥器虽好，但是它有条件限制，它需要满足一定的进出水的压力差，进水压力太小，小于0.15兆帕，性能就会受影响，出现不吸肥甚至倒流现象。出口流量太小，进出口压力差小于 0.1 兆帕，吸肥效果不佳。所以在使用过程中，要尽量克服上述制约条件。如果压力不够，可以适当加压，如果流量太小，可以适当加多滴灌带数量等。

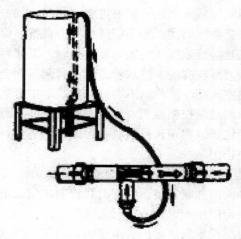

图 5-10 文丘里示意图

3. 注射泵 微灌系统中常使用活塞泵或隔膜泵向灌溉管道中注入肥料或农药溶液，根据驱动水泵的动力来源又可分为水驱动和机械驱动两种形式。使用该装置的优点是肥液浓度稳定不变，施肥质量好，效率高。缺点是需另加注入泵，且造价较高。机械驱动施肥泵目前温室已很少采用，水力驱动施肥泵主要应用在温室和一些较大规模微灌工程，特别适用于设施农业中需精确施肥的灌溉系统，例如温室无土栽培等。

4. 开敞式肥料罐自压施肥装置 在自压微灌系统中，常使用开敞式肥料罐或修建一个肥料池。将肥料罐放置于水源正常水位下部适当的位置上，把肥料罐供水管及阀门与水源相连接，将输液管及阀门与微灌主管道连接，打开肥料罐供水阀，水进入肥料罐可将化肥溶解成肥液。关闭供水管阀门，打开肥料罐输液阀，罐中的肥液就自动地随水流输送到微灌系统中。

为了确保微灌系统施肥时运行正常并防止水源污染，必须注意以下3点：①化肥或农药的注入一定要放在水源与过滤器之间，肥液先经过过滤器之后再进入灌溉管道，使未溶解化肥和其他杂质被清除掉，以免堵塞管道及灌水器；②施肥和施农药后必须利用清水把残留在系统内的肥液或农药全部冲洗干净，防止设备被腐蚀；③在化肥或农药输液剂出口处与水源之间一定要安装逆止阀，防止肥液或农药流进水源，更严禁直接把化肥和农药加进水源而造成污染。

表 5-1　三种不同施肥方式特征比较

特征	压差式施肥系统	文丘里注肥器	注射泵
操作难易程度	容易	中等	难
固体肥料施用	＋	－	－
液体肥料施用	＋	＋	＋
出液（肥液）速率	大	小	大
浓度控制	无	中等	良好
流量控制	良好	中等	良好
水头损失	小	很大	无
自动化程度	低	中等	高
费用	低	中等	高

注："＋"表示可以使用该类型肥料；"－"表示使用液体溶液或将固体肥料溶于水中进行制备。

压差式施肥法只能一次定量施肥，养分浓度不一致，受水压变化的影响大，操作简单，适用于固体可溶性肥料；文丘里泵注入法是采用文丘里设计，产生负压（真空）把肥料溶液吸入主流管，当灌溉水流经收敛后又逐渐增大管路时产生真空，当进入文丘里泵的主流与流向主流管的营养液之间存在压力差时，文丘里泵就正常运转；供肥泵法根据驱动水泵的动力来源可分为水驱动和机械驱动两种形式。该施肥方法的优点是肥液浓度稳定不变，施肥质量好，效率高。

四、管道及附件

微灌系统的输配水管道及附件是微灌系统的主要设备，在微灌系统工程中用量较多，占工程投资比例大，所以微灌系统管道及其连接件的优劣不仅直接影响微灌工程的费用，而且也关系到微灌系统的设计效益是否能正常发挥作用。因此，在规划设计微灌系统工程时，必须首先掌握了解各类微灌管道的性能、型号规格以及各类管道的连接方法和各种附件的使用方法。

对于微灌用管道与连接管件通常需要承受一定的设计工作压力。管道的承压能力与管材及连接件的材质、规格、型号及连接方式等有关。而且要求管道及其连接管件要有较强的耐腐蚀抗老化性能。因管道及其管件在微灌系统中所占比例较大，还应使其价格低廉，安装施工容易等。

附件可以分为两大类：一是连接件，二是控制件。连接件的作用是根据需要将管道连接成一定形状的管网，也称为管件，如弯头、三通、堵头等。控制件的作用是根据灌溉的需求来控制系统中水流的流量和压力，如流量、压力调节控制、量测设备及安全装置。控制量测设备及安全装置除了安装在首部以外，在系统管道中任一需要的位置都要安装，确保系统正常运行。

目前，我国常用的微灌系统管道多采用塑料管。塑料管具有施工简单，耐腐蚀，能适应一定程度的地基不均匀沉陷，内壁光滑，重量轻等优点，但在日光照射下易老化。为了尽量减慢塑料管的老化，常可将其埋入地下，这样可大大延长其使用寿命。常用的塑料管材有聚乙烯管（PE）、聚氯乙烯管（PVC）。

1. 管道

（1）聚乙烯管（PE 管） 聚乙烯管分为高压低密度聚乙烯管和低压高密度聚乙烯管两种。低压高密度聚乙烯管为硬管，管壁较薄。高压聚乙烯管为半软管，管壁较厚，对地形的适应性比低压高密度聚乙烯要强。高压聚乙烯管是由高压低密度聚乙烯树脂加稳定剂、润滑剂和一定比例的炭黑等制成的，具有很高的抗冲击能力，重量轻、韧性好、耐低温性能强、抗老化性能比聚氯乙烯管好，但不耐磨，耐高温性能差，抗张强度低，为了防止光线透过管壁进入管内，引起藻类等微生物在管道内繁殖，以及为了吸收紫外线，减缓老化的进程，增强抗老化性能，颜色一般为黑色。

（2）聚氯乙烯管（PVC 管） 聚氯乙烯管是以聚氯乙烯树脂为主要原料，与稳定剂、润滑剂等配合后经挤压成型的。它具有良好的抗冲击和承压能力，刚性好。但耐高温性能差，在50℃以上时即会发生软化变形。聚氯乙烯管属硬质管，韧性强，对地形的适应性不如半软性高压聚乙烯管道。微灌中常用的聚氯乙烯管一般为灰色。

2. 管道连接件 又称管件，是将管道连接起来的部件。根据管道种类及连接方式不同，管件也不同，有内接式和外接式两大类。常见的管件有如下几种。

（1）接头 接头的作用是连接管道，根据两个被连接管道的管径大小，分为同径接头和异径接头；根据连接方式，聚乙烯接头分为倒钩内承插式接头、螺纹接头和螺纹锁紧式接头三种。

（2）三通（四通） 三通或四通是用于管道分叉时的连接件，与接头一样，有等径和异径两种；三通又因管道交角不同又分为直三通或斜三通；每种型号的结构又有倒钩内插式、螺纹连接式和螺纹锁紧连接式三种。

（3）弯头 在管道转弯和地形坡度变化较大之处需要使用弯头连接，一般按转弯中心角的大小采用90°或45°。

（4）堵头 堵头是用来封闭管道末端的管件，有插入式、螺纹式套接式等。

（5）旁通 旁通用于毛管与支管间的连接。

(6) 插杆 插杆用于支撑微喷头，使微喷头置于规定高度，有不同的形式和高度。

(7) 密封紧固件 用于内接式管件与管连接时的紧固。

五、常用的控制和量测设备及安全装置

1. 阀门 阀门是直接用来控制和调节微灌系统压力流量的操纵部件，布置在需要控制的部位上。常见的有球阀和闸阀。球阀结构简单，体积小，重量轻，对水流阻力小，但是启闭速度不易控制，因而管内可能产生较大的水锤压力。闸阀阻力小，开关力小，水可以从两个方向流动，但是结构复杂，密封面容易被擦伤而影响止水功能，高度较大。

2. 流量与压力调节装置 流量与压力调节装置是用于自动调节管道中的压力和流量的设备。流量调节器是通过自动改变过水断面的大小来调节流量的，如图 5-11 所示。在正常工作压力时流量调节器中的橡胶环处于正常工作状态，通过的流量为所要求的流量，当水压力增加时，水压力使橡胶环变形，过水断面变小，因此限制水流通过，使流量保持稳定不变，从而保证了微灌系统各级管道流量的稳定。

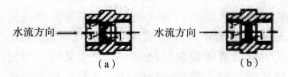

图 5-11 流量调节器示意图

压力调节器是用来调节微灌管道中的水压力，使之保持稳定的装置。工作时是利用弹簧受力变形，改变过水断面而调节管内压力，使压力调节器出口处的压力保持稳定，实际上也是一种流量调节器，如图 5-12 所示。

调压管又称为水阻管、消能管。通常是在毛管进口处安装一

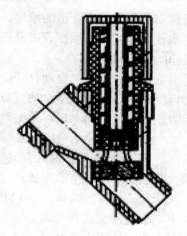

图 5-12 压力调节器示意图

段直径为 4 毫米的塑料管调节毛管进口压力，利用调压管调节流量和压力，要比用专门的流量或压力调节器节省投资。

3. 流量及压力量测仪表 流量及压力量测仪表用于测量系统流量和压力。水表记录该管路中的过水总量，压力表用于测量管线中的内水压力。微灌系统中选用水表时，应根据微灌系统设计流量大小，选择大于或接近额定流量的水表为宜。微灌系统中常用的压力测量装置是弹簧管压力表，当被测液体进入弹簧内，在压力作用下弹簧管的自由端产生位移，这个位移使指针偏转，指针在度盘上的指示读数就是检测液体的压力值。

4. 安全装置 为了保证微灌系统安全运行，须在适当位置安装安全保护部件。

（1）减压阀 在设备或管内的压力超过规定的工作压力时自动打开降低压力，以保证设备在正常压力范围内运行。

（2）下开式安全阀 用于防护突然停泵时，因降压可能产生的水锤压力对管道的破坏，一般与止回阀配合使用。上开式安全阀当管道的水压升高时自动开放，以防止水锤事故。在不产生水柱分离时，将上开式安全阀安装在管道的始端，可对全管道起保护作用；如果产生水柱分离，则必须在管道沿程一处或几处另装安全阀才能达到防止水锤的目的。

（3）**空气阀** 当管道存有空气时自动打开通气口，管内充水时进行排气后，封口块在水压的作用下自动封口；当管内产生真空时，在大气的压力作用下打开出水口，使空气进入管内，防止负压破坏。

（4）**进排气阀** 进排气阀能够自动排气和进气，而且压力水来时又能自动关闭。在微灌系统中主要安装在管网系统中最高位置处和局部高地。当管道开始输水时，管中的空气受水的"排挤"向管道高处集中，当空气无法排出时，就会减少过水断面，还会造成高于工作压力数倍的压力冲击。在这些制高点处应安装进排气阀，以便将管内空气及时排出。当停止供水时，由于管道中的水流向低处逐渐排出时，会在高处管内形成真空，进排气阀将能及时补气，使空气随水流的排出而及时进入管道。微灌系统中经常使用的进排气阀有塑料和铝合金材料两种。

（5）**逆止阀** 逆止阀的作用是在事故或正常停机时，防止管道中的水倒流而引起水泵机组倒转，保护水泵机组的安全，另外防止在施肥和加药过程中水倒流而污染水源。其工作原理类似拍门。

（6）**泄水阀** 泄水阀的作用是在系统停止运动时或当管中压力下降到一定数值后，自动打开阀门，将管道中的水排出管道。用于保持管道干燥。

六、水质处理及过滤

水质净化装置是为了清除掉水源中可能造成灌水器堵塞的污染物。微灌系统中灌水器出口孔径一般都很小，极易被水源中的污物和杂质堵塞，而水源中都或多或少地含有各种污物和杂质，因此，对微灌系统来说进行水质净化处理是必不可少的。所需净化装置的形式根据污染物而定，同时还要考虑系统选用灌水器种类规格、抗堵塞性能等。

灌溉水中污染物可以分为两大类：物理的和化学的。物理污染物是悬浮质固体颗粒，包括有机及无机污染物。化学污染物主要指溶于水中的某些化学物质，如碳酸钙和碳酸氢钙等，在一定条件下，这些物质会变成不可溶的固体沉淀物，造成灌水器堵塞。消除水中化学污物的方法是在灌溉水中注入某些化学药剂以中和有碍溶解的反应，或加入消毒药品将微生物和藻类杀死，称为化学处理法，常用的化学处理法有氯化处理和加酸处理。对水中物理污物的处理主要是通过沉淀和过滤。污物颗粒大小的允许限度，根据灌水器结构规格而定。根据实践经验，一般要除去粒径大于灌水器孔径 1/10 的颗粒。

1. 沉淀池　沉淀池的沉淀作用能够除掉大量的沙和淤泥。通常应尽可能避免使用露天形式，以防藻类的生长和外界污物的掉入。为了使沉淀池发挥较好效果，其规模应适当，既可以减少池内旋流，又可使水由池的进水口流到出水口的时间不少于 15 分钟，因为无机颗粒的沉淀至少需要 15 分钟。沉淀池一般只能作为初级处理。

2. 过滤器

（1）筛网过滤器　筛网过滤器基本上采用塑料或金属材料的筛网，当悬浮颗粒超过筛网网孔的尺寸后即被截留，当一定数量的污物积累在筛网后，应对筛网进行冲洗。筛网过滤器主要用于过滤灌溉水中粉粒、沙和水垢等污物。其因结构简单、价格便宜，有一定应用。

（2）沙石过滤器　沙石过滤器由细砾石和经筛选的砂砾分层铺设过滤罐体中而构成，用以过滤掉大量的极细沙和有机物质。当水从过滤罐体中流过，沙石过滤器可将大量的极细沙和有机物过滤掉。常见的有单罐反冲洗沙石过滤器和双罐（或多罐）反冲洗沙石过滤器。

（3）旋流式水沙分离器 利用了旋流和离心原理，因此只有当被分离颗粒的比重高于水时才能有效使用。旋流式水沙分离器一般作为过滤系统的第一级处理设备，最适宜去除水中的泥沙和石屑。

（4）叠片式过滤器 主要过滤原件由一组压紧的带有微细流道的环状塑料片组成，清水由片间的细小流道通过，而污物被截留在叠片四周及片间。其特点是过流能力大、结构简单、维护方便、寿命长，适用于有机物含量高的水质条件。使用中也需要冲洗，冲洗时将压紧的叠片松开，将叠片之间滞留的污物彻底冲洗干净。

第三节　微灌施肥工程设备选型

微灌施肥工程组成复杂，一般来说包括首部系统、管道系统、灌水器系统和保护及监测装置等。其中首部系统包括动力、过滤、施肥等子系统。上述系统选型及相互之间的匹配直接影响微灌施肥系统是否能够正常运转。

一、过滤器选型

过滤系统在微灌施肥系统中的作用非常重要，但是在日常工程设计、建造和应用过滤器的选型和安装存在问题较多，主要表现为：①缺少过滤系统，这一点在小农户种植使用中时有发生，认为井水不需要安装过滤器，而事实上井水经常含有细沙，引起滴头堵塞；②地表水水源缺乏介质过滤器或含沙量较高的地下水缺少离心过滤器，仅仅在田间首部安装有筛网或叠片过滤器；③过滤器目数过大影响过滤效果或过小导致水头损失大。常见的过滤器有网式过滤器、叠片过滤器和沙石过滤器。在农业微灌中选择过滤器的型号时，应当结合不同过滤器的污物处理能力并根据灌溉区的水质分析为基础，参考表5-2对过滤的选型与组合进行选择或者按照表5-3所示，根据水源的类型对过滤器进行粗略的选择。

表 5-2 过滤器选型

水质情况		过滤器类型及组合方式
无机物	含量 ＜10 毫克/升	宜采用筛网过滤器（叠片式过滤器）或沙过滤器＋筛网过滤器（叠片式过滤器）
	粒径 ＜80 微米	
	含量 10～100 毫克/升	宜采用旋流水沙分离器＋筛网过滤器（叠片式过滤器）或旋流水沙分离器＋沙过滤器＋筛网过滤器（叠片式过滤器）
	粒径 80～500 微米	
	含量 ＞100 毫克/升	宜采用沉淀池＋筛网过滤器（叠片式过滤器）或沉淀池＋沙过滤器＋筛网过滤器（叠片式过滤器）
	粒径 ＞500 微米	
有机物	＜10 毫克/升	宜采用沙过滤器＋筛网过滤器（叠片式过滤器）
	≥10 毫克/升	宜采用拦污栅＋沙过滤器＋筛网过滤器（叠片式过滤器）

表 5-3 不同水源类型过滤器选型

水源类型	过滤器的选择
饮用水	不用过滤器
集中供水	水源干净时（杂质粒径小于0.2毫米），不用过滤器，有杂质时，用网式过滤器
地下水	水源干净时（杂质粒径小于0.2毫米），不用过滤器。泥沙含量少，选用网式过滤器；泥沙含量中等，选用离心＋网式过滤器；泥沙含量较多时，选用沉淀池＋网式过滤器
地表水	水源干净时，选用网箱过滤器或网式过滤器；污物中等，选用拦污网＋网箱过滤器＋网式过滤器；污物较多，选用拦污网＋沉淀池＋网箱过滤器＋网式过滤器

在确定好过滤器的型号或组合之后，需要依据所选灌水器需要的过滤器能力来对过滤器的目数大小加以确定。从大量的数据观察中我们可以得知，仅仅是 7、8 颗固体悬浮颗粒就能够使出口处累积成一个弧形的堆积带，致使灌水器堵塞。所以选择微灌系统过滤器时，必须全部滤掉比喷嘴直径 1/7 大的杂质；选择滴头流道较长的滴灌系统时，选择的过滤器必须具有全部滤出大于滴孔直径 1/10 杂质的能力。

二、水泵选型

水泵一般可分为离心泵、轴流泵和混流泵。微灌工程中常用的泵型有离心泵、潜水泵、深井潜水泵、自吸泵等。微灌工程中水泵的选择主要考虑流量和扬程两个方面。水泵流量可根据灌溉面积和单位面积的需水量确定。计算时应考虑渠道输水和田间水渗漏、蒸发引起的损失，一般需增加 5%～20%。确定水泵流量时应考虑水源的供水能力，避免井小泵大、水量供给不足。在计算水泵的扬程时，应考虑管路中的水头损失和灌水器设计出水压力。此外，扬程的确定还必须考虑到水源水位的变化，应保证水泵在枯水位和洪水位都能正常运行。当水泵对应多个需水量和扬程不同的轮灌区时，或者存在多用户供水时，由于管网的流量变化，会出现在不同的工作区水泵运行供水水压不稳定的情况。在这种情况下，就需要考虑应用稳压供水系统。常用的有无塔恒压压力罐稳压和变频恒压供水系统：①无塔恒压压力罐稳压供水系统由气压水罐、水泵、压力传感系统、自动控制柜、管道、阀门等组成。该系统具有结构简单、安装使用方便，能实现自动控制等特点。②变频恒压供水系统是一种先进的节能恒压供水系统，由水泵机组、压力传感系统、变频器、微机控制器及管网、阀门等组成。它可根据供水管网流量的变化，以设定的压力要求和其他程序自动调节水泵的运转速度、启动、停止，保证管网供水水压恒定，极大提高了灌溉制度变化的灵活性。在小流量用水的情况下，变频恒压供水系统可与气压水罐联合使用，能避免小流量供水造成水泵低速长时间运行，减少能耗，延长设备使用寿命。

三、灌水器选型

灌水器种类繁多，性能不一，选择是否恰当直接影响工程的投资和灌水质量。灌水器的选型受地形、作物种类及种植模式、土壤性质、水质等的影响。

滴头通常分为两种型号，压力补偿式和非压力补偿式。压力补偿滴头可确保每一个滴头出水均匀，施肥灌溉均衡，效果好，但压力补偿式滴头成本高。一般在平原地区或者单个轮灌区平整时，应考虑应用成本低廉的非压力补偿滴灌头，而在丘陵山地等单个轮灌区存在高度差异时，应选择压力补偿式滴灌头。

不同的作物对灌水的要求不同，相同作物不同的种植模式对灌水的要求也不同。如条播作物，要求带状湿润土壤，宜采用滴头或滴管带；而对于果树及高大的林木，其株、行距大，需要绕树湿润土壤，可采用微喷头进行灌溉。

土壤质地对滴灌入渗的影响很大，对于沙土，宜选用较大流量的滴头，以增大水分的横向扩散范围。对于黏性土壤宜选用流量小的滴头，以免造成地面径流。在进行流量和孔距选择时可参考表5-4。

表5-4　灌水器流量及孔距选择

土壤质地	灌水器选择	
	流量（升/小时）	滴孔间距（米）
沙土	2.1～3.2	0.3
壤土	1.5～2.1	0.3～0.5
黏土	1.0～1.5	0.4～0.5

抗堵塞能力差的滴头，要求高精度的过滤系统，就可能增大系统的造价。灌水器的流道或出水孔的断面越大，越不易堵塞。因此在水质较差区域应该优先考虑流道或出水孔截面大抗堵塞能力强的滴头。

四、施肥器选型

微灌施肥工程中施肥器根据工作模式可分为吸肥和注肥两种。吸肥是用特定的装置，在灌溉管道的某一处产生负压，把肥料溶液吸入管道，和灌溉水混合，送到作物根区，比如文丘里、施肥罐和比例施肥泵等。注肥是通过外加动力，把肥料溶液注进压力管道，和灌溉水混合，到达作物根区，主要为动力注肥泵。不同施肥器各有特点，主要是根据实际种植情况来选择。动力注肥泵不产生水头损失，可根据面积的大小灵活选择注肥泵的型号，尤其适合大面积灌溉施肥，但需要外加动力。水动比例施肥泵具有不需外加动力、施肥精度高、工作稳定、易于控制等优点，但目前水动比例注肥泵多依靠进口，价格较贵。文丘里施肥器具有造价低廉、使用方便、施肥浓度稳定、无需外加动力等特点，但压力损失较大，需要满足一定的进出水的压力差，进水压力太小，小于 0.15 兆帕，性能就会受影响，出现不吸肥甚至倒流现象。出口流量太小，进出口压力差小于 0.1 兆帕，吸肥效果不佳。通常适用的是单位灌溉面积 1～5 亩场合，在1～3套大棚前段连接文丘里施肥器，省工效果非常明显。旁通式施肥罐水头损失较小，但存在供肥不均匀的问题，在多个轮灌区进行灌溉时，需要频繁添加肥料。在蔬菜种植中，根据实际情况，选择合适的施肥法。在一次性施肥面积大的时候，选用水泵吸肥法；在出口水压达到 0.20 兆帕以上时，选用文丘里施肥法；在水压不大，小于 0.20 兆帕时，可选用旁通式施肥罐。

【参考文献】

柴海东，郭文哲 . 2015. 微灌系统稳压稳流设备概述 . 南方农机，06：39，41.

陈瑾，沈洁 . 2013. 微灌用过滤器的应用探讨 . 上海农业科技，06：22-23.

陈瑾，汤冠华 . 2014. 微灌系统过滤器的应用与管理 . 现代农机，01：49-52.

何龙，何勇 . 2006. 微灌工程技术与装备 . 北京：中国农业科学技术出版社 .

黄国振 . 2013. 我国微灌设备的生产现状与发展趋势 . 河南水利与南水北调，09：57-58.

李敬德，刘雪峰 . 2011. 设施农业微灌施肥系统选型配套研究 . 北京水务，01：34-37.

万勇 . 2014. 节水灌溉（微灌）系统设计与设备、材料选择 . 长江蔬菜，19：11-12.

徐群 . 2010. 微灌系统过滤器的选型设计 . 农业装备技术，01：48-51.

杨胜敏，张海文 . 2013. 设施农业微灌过滤器的选型与应用研究 . 水利水电技术，06：97-100.

杨胜敏，张海文，杨林林，等 . 2014. 温室微灌设备配套选型研究 . 水利水电技术，09：102-106.

[第六章]
水 溶 性 肥 料

第一节　水溶肥发展现状分析

　　水溶性肥料（Water Soluble Fertilizer，WSF）是一种可以完全溶解于水的多元复合肥料，能够迅速溶解于水中，更容易被作物吸收利用。它不仅可以含有作物所需的氮、磷、钾等全部营养元素，还可以含有腐殖酸、氨基酸、海藻酸、植物生长调节剂等功能型活性物质。近年来，我国水溶性肥料产业迅猛发展。水溶性肥料产业在 2005 年以后开始在我国逐步形成，并且在 2007 年以后开始随着国外水溶性肥料产品在国内市场的出现，开始有了很大的发展。我国在 2009 年出台水溶性肥料登记标准。据了解，2012 年我国登记水溶性肥料生产企业达 800 家，总产量约为 280 万吨；2013 年我国登记水溶性肥料生产企业达 900 家，总产量约为 360 万吨；而截至 2014 年 2 月，我国水溶性肥料企业登记数达到 2 500 个，登记的产品数量达到 5 399 个。2013 年山东省水溶性肥料产销量 70.5 万吨，同比增长 10%；目前，山东省已办证水溶性肥料企业 580 多家。近几年我国水溶性肥料产量情况如图 6-1 所示。

一、我国水溶性肥料产业发展现状

1. 我国水溶性肥料发展迅速　　近年来随着我国现代农业的

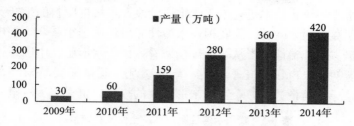

图 6-1　2009—2014 年我国水溶性肥料行业市场产量统计

发展，设施蔬菜及果树的经济收益越来越高，经济作物产区农民逐渐接受中低端水溶性肥料通过冲施及滴灌施用，同时对价格较高的高端水溶性肥料产品的接受程度也逐步提高。随着水肥一体化技术的推进与基础肥料产能过剩，大田经济作物也开始逐步接纳水溶性肥料，市场对水溶性肥料的需求也越来越大，尤其是近五年以来，国内水溶性肥料市场呈现一片火爆的景象。

据中国化工信息中心的统计数据，截止到 2013 年 5 月 20 日，我国共有 2 195 家企业取得水溶肥登记证达 4 667 个。其中以微量元素水溶肥、含氨基酸水溶肥、含腐殖酸水溶肥为主，分别占总数的 30％、26％、23％，见表 6-1。据国家化肥质量监督检验中心数据显示，截至 2013 年 12 月，我国各类"农标"水溶性肥料有效登记产品达 5 239 个。国内也涌现出许多有特点的优秀水溶性肥料企业，如以原料供应、液体化、功能化、肥料与设备结合等特长为主的公司很多，但由于"农标"水溶性肥料的养分含量很高或者产品功能化和差异化特征很强，再加上农化服务和销售对象比较明确，高产品价格和利润率吸引了很多小企业的加盟，导致水溶性肥料产业快速发展的同时，也出现了产品的良莠不齐问题，假冒伪劣产品也充斥市场。山东寿光作为全水溶性肥料的聚集地，其农资市场上国内外的"农标"水溶性肥料种类大大小小多达几百个品牌。

虽然已登记的水溶性肥料品种和数量众多，但是水溶性肥料和水肥一体化技术仍处于起步推广阶段，水溶性肥料的生产及市场还存在很多问题。在我国，水溶性肥料仍属于小产业，常规复肥仍占据统治地位。从企业规模来看，由于水溶肥在中国还处于发展初期，市场淡旺季分明，品牌杂乱，质量标准尚未完全统一，导致销量分散，企业尚未形成大的规模，资金实力有限。

表 6-1　我国水溶性肥料产品企业及登记情况

类型	企业		肥料登记证	
	数量（个）	比例（%）	数量（个）	比例（%）
大量元素水溶肥	190	9	783	17
中量元素水溶肥	18	1	76	2
微量元素水溶肥	524	24	1 395	29
含氨基酸水溶肥	606	28	1 215	26
含腐植酸水溶肥	757	33	1 070	23
有机水溶肥	100	5	128	3
合计	2 195	100	4 667	100

注：数据统计截至 2013 年 5 月 20 日。

2. 水溶性肥料发展历程　国际上，水溶性肥料的研究与应用首先是以叶面施肥的方式发展的。早在古代农业生产实践中就有对作物进行营养喷施的经验，如古希腊应用废水淋洒作物。在中国古代也有运用人畜尿粪液喷洒作物叶片的记载，但真正作为科学研究与肥料产品应用则是始于近代。早在 20 世纪 20 年代，苏联和美国等发达国家就开始研制叶面肥；20 世纪 60 年代，日本和西欧相继出现了商品叶面肥；我国于 20 世纪 80 年代初开始研制叶面肥。在世界水资源日益匮乏和由于施肥不合理带来的环境风险加大的情况下，滴灌、喷灌等具有显著节水功能的新型灌溉方式在世界范围内得到重视和推广，水溶性肥料得以迅猛飞速的发展，世人也逐渐认识到水溶性肥料的重要性。

（1）国外水溶性肥料的发展　从施肥技术的发展历程来看，

国外水溶性肥料研究与应用大致可划分为三个阶段，具体如下。

第一阶段：20世纪20～60年代，为第一代叶面肥料发展阶段，肥料组分主要选用溶解性及配伍性好的无机盐类，配制技术相对简单，养分种类少、浓度低，作物吸收及应用效果不稳定。

第二阶段：20世纪60～80年代，叶面肥料产品养分种类增多，在产品中添加中微量元素，以螯合态微量元素为主，在肥料配方中加入了螯合剂和表面活性剂等助剂，提高了养分浓度与吸收效率，并开始有一些作物专用的配方叶面肥料，同时，对叶面营养机理也进行了大量研究，叶面肥料的应用效果有了很大程度的提高；特别是自20世纪60年代以色列创新应用滴灌技术以来，世界多国相继推广。随滴灌技术在国际上的推广应用与发展，配方水溶性肥料配合微灌系统应用越来越广泛，水溶性肥料的研究也越来越深入。

第三阶段：20世纪80年代以后，水溶性肥料开始向综合化发展，产品中除了含有多种养分外，还加入了氨基酸、生长调节剂、黄腐酸等大量有机活性添加物，并可与农药配施，既可直接提供作物养分，又具有刺激生长、改善养分吸收、防治病虫害的作用，水溶性肥料走向多功能化。

近年来，随着人们对环境与食品安全问题的重视，水溶性肥料的研究向高效、环保、安全的方向发展。目前在国外，水溶性肥料已被广泛用于温室蔬菜、花卉、各种果树以及大田作物、园林景观绿化植物、高尔夫球场、家庭绿化植物的灌溉施肥。为了提高水溶性肥料的应用效果，国外的研究与应用强调产品的有效浓度，降低陪伴离子的含量等，因为提高肥料的有效养分含量，就意味着有害离子含量下降，有利于提高水溶性肥料的施肥效果及施肥的安全性。因此，美欧等发达国家比较重视产品有效养分的含量与吸收效率的研究，重视化学原料的配伍性能以及提高养分的吸收效果，在提高产品有效成分含量以及开发高效表面活性剂、螯合剂等助剂研究方面做了大量工作。

从专利情况来看，国外固体水溶性肥料的专利较少，悬浮液肥和液体肥料的则相对较多。这可能是因为固体水溶肥产品发展的较成熟，可以形成专利的地方不多。1925 年，英国公布了一项直接将固体原料掺混做水溶肥的专利。美国在 1965 年公布了一项片状水溶性肥料的生产专利。1988 年，美国 TVA 申请了高浓度氮硫悬浮肥的生产专利，公布时间比中国提早了 25 年。1992 年，美国公布了一项固体掺混肥专利，产品含磷和钙，主要由磷酸脲和硝酸钙组成，磷酸脲的酸性确保产品溶解后没有沉淀。1995—1996 年芬兰凯米拉农业公司（Kemira Agro Oy）申请了多项悬浮肥及其生产工艺专利，采用普通化肥原料，通过研磨以获取高浓度的悬浮肥，如尿素-MAP-硫酸钾（11-8-19），颗粒直径 0.01～10 微米。1996 年凯米拉农业公司在中国申请了含磷酸根和钙或镁的悬浮肥专利，主要通过酸性调控（pH＝0.5～2）和研磨，形成高浓度的悬浮肥，悬浮剂采用凹凸棒粉等。1998 年，美国公布了一项悬浮肥及其生产工艺专利，采用普通化肥原料，通过研磨以获取高浓度的悬浮肥。1999 年，美国公布了采用挤压造粒技术生产颗粒水溶肥产品专利，颗粒尺寸在 0.5～5 毫米，同时颗粒中仍可分辨出原始原料养分，该专利的颗粒化水溶肥中还加入了溶解助剂。2001 年美国公布了米勒化学与肥料公司申请的一种水溶性肥料专利，产品为掺混粉状，其中加入组合性的植物生长调节剂，如维生素、氨基酸、多糖和辅料等，将原料计量、粉碎、混合。这种混合型的水溶性肥料产品比中国提早公布 10 年以上，并且大胆使用了植物生长调节剂。2010—2011 年美国公布了 Rotem AmfertNegev 公司申请的 2 项水溶性肥料及其制备专利，产品为可自由流动的固态颗粒肥料，不易结块，易于贮存与运输，能快速完全溶于水中，产品中含磷酸钙、磷酸镁。

水溶性肥料的相关技术和产品的研发生产一直受到国际上很多公司的重视。美国、加拿大、以色列等国的水肥一体化技术和相应的肥料产品应用市场非常广阔。尤其是以色列等缺水的国家更是将滴灌施肥等技术发挥到了极致，其水肥一体化应用比例达90%以上；澳大利亚2007年设立100亿澳元的国家节水计划，其中的一半用于发展灌溉设施和水肥一体化；美国是微灌面积最大的国家，25%的玉米、60%的马铃薯、33%的果树均采用水肥一体化技术。从长远来看，水溶性肥料属于更加符合环保理念、更有发展潜力的新一代肥料发展方向。

从标准方面来看，国外目前没有专门针对水溶性肥料产品的标准，只有一些相关方法的测定标准，但是它在管理水溶性肥料时，特别提出了营养元素和有害物质的限量，还规定了液体氮肥产品在投放市场前要做对食物有害性的实验。国际上水溶性肥料既有高养分含量产品，也有中低养分含量的产品，这一点与我们国家的行业标准有所不同，我国大量元素水溶肥的标准要求 N、P、K 养分总量必须大于或等于50%。此外，国外水溶性肥料包装标识清楚（图6-2），要求比较严格，主要包括以下几个方面：产品原料来源；各元素含量，包括微量元素含量以及氮含量中硝态氮、铵态氮以及酰胺态氮的含量；产品特征、优点；产品施用方法；肥料的酸度以及在使用产品过程中出现问题该如何解决等。

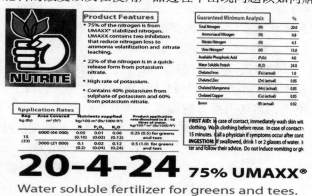

图 6-2　国外水溶性肥料产品包装案例

欧美各国肥料使用仍以常规肥料（包括水溶性基础肥料）为主；新型肥料只在特殊作物、特殊土壤应用，重点放在提高科学施肥水平上，完善施肥技术；常规肥料在今后相当长时间为市场主流。国际上的水溶性肥料产品生产及推广应用均已经相当成熟，目前国际上比较有知名度的一些水溶性肥料生产企业主要包括：智利化学矿业公司（SQM），挪威雅苒（YARA）公司，英国欧麦思（Omex）公司，以色列海法（Haifa）公司，德国普朗特（Planta）公司，美国施可得（Scotts）、果茂（Grow More）、护绿（Greencare）和 Plant-marvel 公司，加拿大植物产品（Plant-prod）公司等。这些企业在水溶性肥料生产方面在国际上都已走在了前面。

（2）国内水溶性肥料的发展　在我国，由于受肥料生产工艺的限制、进口肥料价位高及传统施肥习惯的影响，水溶性肥料的发展和应用较为缓慢，在相当一段时间内仅以叶面喷施应用较广。与国际水溶性肥料发展历程相似，我国水溶性肥料的发展同样也是首先以叶面肥的形式开始应用和发展起来，其发展历程也大概划分三个阶段，主要内容如下。

第一阶段：20 世纪 50～70 年代，叶面肥料发展初始阶段，主要是应用单一无机盐，简单溶解用于农业生产，如对大田作物喷施尿素和草木灰浸泡等以促进作物生长、提高产量，对果树喷施硫酸锌和硫酸亚铁溶液以改善和矫正锌、铁缺素症状，叶面喷施磷酸二氢钾来提高小麦籽粒产量和抗干热风等。然而，那时既没有专业术语"叶面肥料"和"叶面施肥"，也没有相当的科研关注和投入，当然也没有规模化的叶面肥料产业。直到 70 年代末，随着国外少许叶面肥料产品的流入，国人逐渐关注叶面肥料的研究和应用，开始有小企业进行投资生产叶面肥料。

第二阶段：20 世纪 80～90 年代，我国叶面肥料发展较迅速，产品由单一无机盐的简单混溶体系发展为养分、助剂等组分的复合体系，研究、生产与应用得到发展，出现了以广西喷施宝公司为代表的一批叶面肥料生产企业，极大地促进了我国叶面肥应用与研究的发展。

第三阶段：20 世纪 90 年代后，经过几十年的更新发展，我国叶面肥料也有数千种产品。叶面肥料的开发和应用发展迅猛，在品种和功效方面迅速增长，产品功能向综合化发展，含有多种养分和大量植物生长活性物质，并与农药配施，具有刺激生长、改善养分吸收、防治病虫害等多功能性，市场需求也加大。一些国外产品也逐渐大量进入我国市场，水溶性肥料的发展与应用取得了很大进展。

近年来，随着我国水溶性肥料市场的快速发展，水溶性肥料产品种类也逐渐丰富，品种名目繁多，新产品不断涌现。据农业部国家化肥质量监督检验中心（北京）产品登记记录，1990 年叶面肥登记仅有含氨基酸叶面肥料、含腐殖酸叶面肥料和微量元素叶面肥料三大类；到 2005 年登记产品类型已扩增为大量元素水溶性肥料、微量元素水溶性肥料、中量元素水溶性肥料、含氨基酸水溶性肥料、含腐殖酸水溶性肥料、含海藻酸水溶性肥料以及有机水溶性肥料 7 大类；2009 年出台了全水溶性肥料登记标准，其中以微量元素水溶性肥料和氨基酸水溶性肥料的产品数量最多。2001 年，农业部登记新型产品为 8 个；2002—2005 年，每年新登记的产品约为 50 个，主要增加的是含中量元素、海藻酸水溶性肥料和有机水溶性肥料等，在登记肥料新产品中，近九成是含腐殖酸水溶性肥料、微量元素水溶性肥料、含氨基酸水溶性肥料和大量元素水溶性肥料。

因此，随着肥料登记的发展，我国的水溶性肥料产业真正逐步形成开始于 2005 年之后，而直到 2007 年开始，一些国内肥料公司才开始关心国际上已经普遍使用的全水溶性肥料，并且开始有了初步的技术研究和产品开发。2009 年出台了全水溶性肥料登记标准，我国水溶性肥料产业进入了迅猛发展期。因此，对于我国完全水溶性肥料的发展大体亦可分为三个阶段，具体如下。

起步发展期（2005—2010 年）：在这一时期，中小企业首先崭露头角，而大企业开始关注水溶性肥料，并跃跃欲试。该阶段主要追逐研发基础性营养配方，而生产技术相对落后，产品的外观要求相对较低，这一阶段的产品以物理混配型的固体水溶性肥料见多，主要用于经济作物的冲施肥。

成熟发展期（2010—2014 年）：此时期，随着各种水溶性肥料登记标准的相继出台，水溶性肥料产品的规范化程度日益增强，并促使了水溶性肥料的复合化产品进程，推动着水溶性肥料市场蒸蒸日上，产品多样化与差异化突出；与此同时，更多企业开始关注并解决产品质量（吸潮与结块等）及外观等问题，原料的选择日趋规范化。大企业开始跻身水溶性肥料行业，使得水溶性肥料产品日趋走向平民化，大部分企业技术研发开始走自主创新的道路，随着水溶肥一体化技术快速推进，水溶肥产业达到一个鼎盛成熟时期。

鼎盛转型发展期（2014 年至今）：随着规模化经营的发展以及基础肥料产能严重过剩，我国目前水溶性肥料产业发展处于一个转型期，随着土地流转，大户种植者主权，由于该群体的理性消费观，因此，其原料肥的资源竞争与农化技术服务带来新的竞争热点。在此阶段，水溶性企业要培训具备专业素养的技术人员，水溶性肥料的销售队伍就是技术队伍，销售水溶性肥料实际上就是推广技术和设备，即"水溶性肥料"销售＝"水溶性肥料产品"＋"灌溉设备"＋"施用技术"。

水溶性肥料作为新兴的肥料，目前全国有 200 多个企业生产水溶性肥料，但真正做得好的厂家却不多，规模较大的有上海芳甸公司、山东金正大、江苏龙灯、北京新禾丰、上海永通公司、青岛苏贝尔公司、四川什邡安达公司、汕头微补植物营养科技公司、河北萌帮公司、新都化工等。近几年，外国高端产品不断涌入中国，国内的全水溶性肥料也快速发展，山东省寿光市作为全水溶性肥料的聚集地，其农资市场上国内外的全水溶性肥料种类大大小小多达几百个品牌。

第二节　水溶性肥料的种类与特点

水溶性肥料，简称水溶肥。与传统的过磷酸钙、造粒复合肥等肥料品种相比，水溶肥具有明显的优势，更容易被作物吸收，且吸收利用率相对较高，水溶肥的有效吸收率高出普通化肥一倍多，能达到 80%～90%，更为关键的是可以应用于喷灌、滴灌等农业设施，实现水肥一体化，达到省水省肥省工的效果。水溶肥在提高肥料利用率、节约农业用水、减少生态环境污染、改善作物品质以及减少劳动力等方面起着重要的作用，尤其是在目前水资源短缺的情况下，水溶肥成为保证农业持续、高效发展的有效途径之一。

一、水溶性肥料的特点

水溶性肥料属于新型肥料的一种，一般认为有别于常规肥料：①功能拓展或者功效提高，除了提供养分外，具有保水、抗寒、抗旱、杀虫、防病等其他功能；②形态更新，除了固体外，还有根据不同的施用目的而生产的液体肥料、气体肥料、膏状肥料等；③新型材料的应用，其中包括肥料原料、添加剂、助剂等，使肥料品种多样化、效能稳定化、易用化、高效化；④运用方式的转变或更新，如冲施肥、叶面肥；⑤间接提供植物养分，微生物接种剂。

同时，水溶性肥料在原料选择、生产工艺上的严格性，决定了它的独特性。与常规肥料相比，施用水溶性肥料具有以下特殊优点。

1. **施用方便，安全、节省劳力**　水溶肥采用水、肥同施，以水带肥，实现水肥一体化，可应用于滴灌、喷灌等精细施肥设施。由于水溶性肥料的施用方法是随水灌溉，所以使得施肥极为均匀，均匀度一般可达 80%～90%；便于控制施肥量，可根据不同作物在不同生长期对养分的需求特性进行精准施肥，为作物高产奠定基础。滴灌施肥可以每次数十公顷同时施肥，施肥快速高效，省时省工。在南方山地香蕉园，施肥和灌溉劳动强度很大，采用灌溉施肥后，操作者可以不用下地，轻松简单，这使得水溶肥的效益在劳动力成本日益高涨的今天显而易见。水溶性肥料一般杂质较少，电导率低，使用浓度也容易调节，在幼苗期施用也是安全的，不用担心引起烧苗等不良后果。

2. 养分形态多样，肥料利用率高 不同养分形态的肥料肥效不同，养分形态决定了其肥效快慢及优劣。硝态氮＞铵态氮＞酰态氮，水溶性磷＞枸溶性磷。水溶肥中的硝态氮含量一般比复合肥高，而且磷素几乎全部为水溶性磷。普通复合肥的肥料利用率20％～30％，水溶性肥料利用率一般可达70％～80％。涂攀峰和张承林等人在香蕉滴灌施肥的试验中的结果表明，滴灌时肥料利用率显著提高，氮肥的利用率可达70％、磷肥达50％、钾肥达80％。

3. 复合化程度高，养分含量较高 水溶肥的复合化主要表现在两方面：一是大量元素与微量元素复合，二是大量元素或者中微量元素与腐殖酸、氨基酸等功能性物质复合。此外，还有很多水溶性肥料添加了海藻提取物、糖醇、甲壳素等生物活性物质，以及表面活性剂、螯合剂、土壤调理剂等有效助剂，药肥结合也是一种发展趋势。

无论是从原料的品种，还是从产品的功能性来看，水溶性肥料都是一种高度复合化的肥料产品。以氮、磷、钾型肥料为例，普通氮、磷、钾复合肥总养分含量一般在25％～50％，而大量元素水溶性肥料的总养分含量大于50％，总氮、磷、钾养分含量远高于普通复合肥。大部分水溶性肥料含有作物生长所需要的全部营养元素，如 N、P、K、Ca、Mg、S 以及微量元素等，可依据作物生长所需要的营养需求特点来设计配方，满足作物对各种养分的均衡需求，并可根据作物不同长势对肥料配方作出调整。

4. **对水利条件、施肥设施的要求较高**　水溶性肥料因其溶于水的特性，一般要与灌水设施结合施用。固体水溶肥要溶解后经灌溉设施施用；液体水溶肥需配备管道、贮肥罐、施肥器等设备。水溶性肥料的利用率高和效果好不完全取决于它的"水溶性好"和"全速效性"，更多地在于其所依赖的施肥设备和施肥技术。高端水溶肥产品进行滴灌时对灌水的水质和灌溉设施有严格的要求：需要有配套的灌溉设施，滴头间距和流量应根据土壤质地及作物栽培规格选择等。若灌溉水为硬水，则容易产生沉淀，堵塞滴管，解决的办法是可以在灌溉水中添加软水剂或调解水溶肥的酸碱度等。

鉴于水溶肥对水利条件和施肥设施的较高要求，农民要根据自身不同的施肥条件，选择合适的肥料。如果用来冲施、撒施，则没有必要选用全水溶肥，且冲施和撒施会使全水溶性肥料的利用效率大大降低，况且全水溶肥价格较贵，从经济效益的角度来看，不如选择水溶性一般的复混肥或单质肥进行冲施或撒施。因作物对微量元素的需求量少，且滴灌施用微量元素肥料可能无法到达根层的指定位置，因此微量元素水溶肥常采用叶面喷施效果会好。

二、水溶性肥料的分类

水溶性肥料按其市场要求可定义为：完全溶于水的单质化学肥料或多元复合肥料，能迅速地溶解于水中，无残渣，既包含水溶性单质基础肥料产品（如尿素、氯化钾等）、水溶性复合型基础肥料（如硝酸钾、磷酸二氢钾等），又包含符合农业部登记标准的完全水溶性肥料产品。其分类标准多种多样，根据不同的分类标准，其水溶性肥料的种类不同。

1. **根据水溶性肥料的登记标准分类**　水溶性肥料的种类主要有大量元素水溶肥料（中量元素型、微量元素型）、微量元素水溶肥料、中量元素水溶肥料、含腐殖酸水溶肥料（大量元素型、微量元素型）、含氨基酸水溶肥料（中量元素型、微量元素型）、有机水溶肥料。

2. 根据水溶性肥料的养分形态分类 根据水溶性肥料的养分形态可划分为固体水溶性肥料和液体水溶性肥料两大类；其中，固体水溶性肥料包括粉剂、颗粒及膏状等，液体水溶性肥料又分为清液型和悬浮型等。

3. 根据水溶性肥料的营养类型分类 水溶性肥料按照市场需求定义其范围广泛，但据其肥料所能提供的养分类别不同，水溶性肥料可分为含氮、磷、钾、钙、镁、铁、锌等不同的水溶性肥料，具体分类情况见表 6-2。

表 6-2　不同营养型水溶性肥料分类

产品类别		种类名称
无机水溶性肥料	含氮水溶性肥料	尿素、液氨、氨水、尿素硝铵溶液（UAN）、硝酸铵、硝酸钾、硝酸钙、硝酸镁、硝酸铵钙、聚磷酸铵、硫酸铵、硝铵磷等
	含磷水溶性肥料	磷酸、聚磷酸、磷酸铵、偏磷酸铵、磷酸二氢钾、聚磷酸铵、聚磷酸钠、聚合磷钾、焦磷酸钾、硝铵磷等
	含钾水溶性肥料	磷酸二氢钾、硝酸钾、氯化钾、硫酸钾、聚磷酸钾等
	含钙水溶性肥料	硝酸铵钙、螯合钙（如氨基酸、糖醇、EDTA 等）、硝酸钙、氯化钙等
	含镁水溶性肥料	硫酸镁、氯化镁、EDTA-Mg 等
	含铁水溶性肥料	硫酸亚铁、硫酸铵铁、螯合铁（Fe-EDDHA、Fe-EDTA、Fe-FA、Fe-An 等）
	含锰水溶性肥料	硫酸镁锰、硝酸锰、氯化锰、螯合锰（Mn-EDTA 等）
	含锌水溶性肥料	硫酸锌、硝酸锌、螯合锌、液体悬浮锌
	含铜水溶性肥料	硫酸铜、硝酸铜、螯合铜等
	含硼水溶性肥料	硼砂、硼酸、硼酸盐、四水八硼、液体硼肥等
	含钼水溶性肥料	钼酸铵、钼酸钠、液体钼肥

（续）

产品类别	种类名称
有机水溶性肥料	水溶性有机肥是指采用纯天然精细食品级原料生产，是一种精细化粉末状的全水溶性高含量有机肥料。通常是通过有机废弃物（如甲壳素、糖蜜、酒精尾液等）经过一定处理后制成的一类肥料，包括腐殖酸水溶性肥料、氨基酸水溶性肥料、海藻酸水溶性肥料等

注：不同营养类型水溶性肥料产品种类，除含上述产品外，还包括符合登记标准要求的复合程度高的水溶性肥料，如含氮水溶性肥料中亦包含大量元素水溶性肥料，但未在表中写出。

4. 根据灌水方式不同分类　水溶性肥料的一个核心指标，就是水不溶物的含量。水溶性肥料施用的方式不同，如滴灌、冲施、喷施等，这对水不溶物的含量是有一定要求的，否则会造成管道堵塞。目前国家制定的相关标准，比如水溶肥料水不溶物含量的测定 NYT 1973—2010 中也存在一些问题，因为标准规定的检测方法用的是 1 号坩埚，1 号坩埚的孔径大致是 50～70 微米。一般情况下，滴头直径为 140 微米，则微粒径应≤20 微米才能避免堵塞，即微粒径应该小于灌水器孔径的 1/7 才能避免堵塞。在微灌施用过程中，经实验室检测水不溶物合格的产品，在实际使用中，确实会对滴灌农田的毛管造成堵塞，原因可能是，用一些较差原料生产的水溶性肥料，肥料中的水不溶物在实验室检测时，是经稀释的悬浮状，经真空抽滤通过 1 号坩埚时，是一个较强的动态过程，而在大田使用时，经水泵压入系统的水肥混合物在系统末端由于流速太低，容易沉积于毛管滴头造成堵塞。我们的过滤器可以用 120 目（孔径 130 微米），也就是说国家标准检测合格的产品，但是在实际滴灌中可能会出现堵塞的现象，这意味着我们使用国家标准的检测方法和我们实际使用有着较大差别，这是个缺陷。根据灌水方式不同划分为以下三类。

一是用于滴灌、喷灌系统中的全水溶性肥料。固体粉状型水溶肥和液体水溶肥多用于滴灌或喷灌。这类固体粉状型的水溶肥的水不溶物含量低。用于滴灌设备的水不溶物含量要求≤0.1%；用于喷灌的水不溶物含量要求≤0.5%。在山东和北方很多大棚里，采用较多的从国外进口的粉状高端肥料，零售价在2万～3万/吨，这些肥料同时添加很多中微量元素及氨基酸、腐殖酸等，施用效果非常显著。

二是冲施肥。一般固体颗粒型的肥料多用于冲施，此类肥料水不溶物含量较高，养分含量一般，技术含量低，门槛低。冲施肥从化学性状及营养成分上可分为三种：一是无机型的如尿素、磷酸二氢钾、硝基肥等；二是有机型的，如氨基酸型、腐殖酸型和海洋生物型等；三是有机无机复配型。冲施肥价格不高，一般在5000元/吨。在中国南方、北方施用均较为普遍。如今随着保护地大棚蔬菜、果树的普遍推广应用，市场上冲施肥品种类型非常多。如芭田、撒可富等，他们采用一些水溶性较好的原料，如硝铵磷等，生产出既可以基施，又可以化水冲施的复合肥，并取得一定的市场。完全水溶性肥料受到灌溉设备一次性投资较大的影响，并没有在全国迅速发展起来，水溶性复合肥，契合了这一市场，硝基肥就是其中的一种。硝基肥料具有易溶、见效快的特点，除能够满足烟草、蔬菜等喜硝作物的施肥需求外，与铵态氮、酰胺态氮合理搭配施用还可以提高作物产量、改善作物品质。冯柱安等和李建伟等的研究表明，铵硝比为25∶75的处理烟草叶片中蛋白质含量最高。南方种植高端经济作物的农民多将硝基肥冲施或撒施，追求速溶、速效，肥料效果也很好，市场空间也很大。

三是叶面肥。我国80年代就有叶面肥，90年代叶面宝、喷施宝等叶面肥发展得很不错。据不完全统计，我国涉及叶面肥生产的企业达3000～4000家，产品种类丰富，名目繁多。叶面肥施用高效、省时省工、作用快、污染低、针对性强，能够及时补充作物所缺营养。有机水溶肥、氨基酸水溶肥、腐殖酸水溶肥、微量元素水溶肥等常用于叶面喷施，早期的磷酸二氢钾也被称做叶面肥。目前我国市场销售的氨基酸叶面肥多为豆粕、棉粕或其他含氨农副产品，经酸水解得到的复合氨基酸，此类氨基酸有很好的营养效果，但是生物活性较差；而采用生物发酵生产的氨基酸，有较强的生物活性。腐殖酸叶面肥多以煤炭腐殖酸作为原料，高含量的腐殖酸盐也被用于叶面肥中，而生化黄腐酸是叶面肥中的主要添加剂。腐殖酸叶面肥主要功能是刺激作物生长，促进根系发达，降低叶片气孔的开张度，减少水分蒸腾丧失，增加植物抗旱能力。海藻肥的活性物质是从天然海藻中提取的，主要原料是鲜活海藻，一般是大型经济藻类。海藻肥叶面喷施可刺激根系的发育和对营养物质的吸收，显著提高作物的抗病、抗盐碱、耐低温等抗逆能力，在山东等地的经济作物上应用效果显著，推广应用非常普遍，但其价格很高，在国内的零售价能达到6万～8万/吨。糖醇系列微肥在 2001 年推向国际市场，在我国糖醇主要应用于食品行业，近年来在化工行业也有广泛应用的趋势，市场上肥料产品以糖醇钙、糖醇锌为主。

5. 根据我国作物产值及水溶性肥料价位分类 不同作物的产值不同，其所能承受的水溶性肥料价位的能力不同。根据作物的产值及水溶性肥料的价位来分，水溶性肥料包含高端水溶性肥料产品、中端水溶性肥料产品和低端水溶性肥料产品。

高端水溶性肥料产品主要包括高端叶面肥（如中微量元素叶面肥）、功能型水溶性肥料（如含腐殖酸、氨基酸、海藻酸、生防菌剂等）和完全水溶性肥料产品。该类产品的价位较高，一般在 8 000 元/吨以上，主要用于花卉、果树、设施蔬菜等高附加值的作物。

中端水溶性肥料产品主要有一般性冲施肥（如符合登记要求的大量元素水溶性肥料）和水溶性复合肥（如磷酸铵、硝酸钾等）。该类产品的价位中等，一般在 3 000～8 000 元/吨，主要用于果树、蔬菜及大田经济作物等。

　　低端水溶性肥料产品主要为低端的大量元素水溶性肥料产品和水溶性基础原料肥（如尿素、尿素硝铵溶液、硝酸铵、氯化钾等）。该类产品的价位一般在 3 000 元/吨以下，主要用于小麦、玉米、棉花等大田作物，也可用于规模化农场大规模种植自配肥。

第三节　水溶性肥料的生产与应用

　　水溶性肥料的生产原料是单质肥料、复合肥料或一些添加剂。固体水溶性肥料生产过程中，原料的选择（原料的纯度级别、养分种类及含量）、原料混配的均匀度、防结块剂的选择与应用、生产环境条件（除尘抽湿）等是生产合格产品质量的关键。固体水溶性肥料的生产方法包括简单的物理混合和化学合成，二者之间的比较见表 6-3。在国内市场上主要以固体粉状水溶性肥料为主，其生产工艺流程包括原料的破碎过筛、计量投料、原料混合（除尘抽湿）、计量分装。组分比例大的物料由专用输送机输料进行混合，组分比例小的微量元素和助剂等由喷洒装置投入，以期达到物料的充分混匀。相比而言，化学合成的生产工艺比较复杂，包括混合工艺（混合设备包括螺带单轴卧式混合机、双轴卧式混合机、双螺旋锥形混合机）、喷雾干燥工艺（一些水溶性复合肥先做成流体，然后喷雾干燥得到粉剂产品）和高塔造粒工艺等。

表 6-3　水溶肥生产方法的比较

生产工艺	物理混合	化学合成
定义	将含有氮、磷、钾等养分的单质肥料或复合肥料等按照相应的配方，通过搅拌机、混料机等机械设备，采用物理混合方式直接混配，制成水溶肥	各种含氮、磷、钾等养分的原料在一定的温度、酸碱度等控制条件下，经过溶解、过滤除杂、反应、蒸发浓缩、冷却结晶等一系列特定的化学反应及工艺过程后，最终通过结晶分离得到全水溶的结晶产品

（续）

生产工艺	物理混合	化学合成
原料选择	水溶性单质化肥或复合肥，养分含量高，纯度一般为工业级的原料	水溶性原料，选择范围较大
技术要求	技术含量低，一般企业都能生产	技术要求较高，要实现全化学反应，必须在生产系统的液相中进行化学反应，且避免共结晶现象产生
产品	物理混配水溶肥产品外观不好，各种化肥原料的粒度、形状、色泽等参差不齐，导致产品的粒度及颜色都不美观，而且很容易结块板结	具有外观好、品相均匀、纯白结晶等特点，可以真正确保100%全水溶，速溶性和吸收率更好，产品酸碱度也更容易控制。由于在生产过程中通过多级过滤系统，可确保除去水不溶物和其他杂质
应用前景	企业缺乏核心竞争力和可持续发展能力，而且门槛过低，导致行业无序竞争	化学合成工艺目前已趋于成熟，得到比较普遍的应用，在水溶肥在产品生产和推广应用中均占到相当大的比例

　　液体水溶性肥料又分为清液肥料和悬浮液肥料。清液肥料中的营养元素完全溶解，不含分散性固体微粒，通常用氮溶液、磷酸铵、聚磷酸铵溶液、硝酸磷肥和钾盐等基础肥料为原料配制而成；悬浮液肥料的液相中分散有过饱和的溶质（即营养元素）、不溶性固体肥料微粒或含有惰性物质微粒，在体系中加入助悬浮剂，使一部分养分在助悬浮剂的作用下而呈固体微粒悬浮在液体中。液体肥生产过程中需要的设备仪器包括：多功能反应釜、反渗透纯化水装置、过滤设备、耐腐泵、原料贮存罐、自动灌装设备等。生产悬浮液体肥料的设备和清液型液体肥除了混合反应釜等基本相同，还需配有研磨设备或大型剪切装置、砂磨机或胶体磨等，为避免细小微粒在混合过程中分布不均，大型循环泵也是必须配置的设备。

一、水溶性肥料主要生产原料

水溶性肥料生产原料一般选择水溶性强（速溶、包括溶解度高）、杂质少、有效成分高、副成分少的单一元素，原料的质量直接决定水溶肥料产品的质量。目前常用的一些生产原料主要如下。

1. 氮源 氮源分铵态氮源、硝态氮源和酰胺态氮，目前常用的铵态氮源主要有液氨、氨水、碳酸氢铵、氯化铵和硫酸铵。硝态氮源主要有硝酸钙、硝酸钠、硝酸铵钙和硝酸钾等，酰胺态氮则主要以尿素为主。尿素 $CO(NH_2)_2$ 为白色固体，含氮量45%～46%，尿素吸湿性强，溶解度较大，氮含量较高，价格便宜，是一种优良的氮源。除此之外，氮溶液（尿素硝铵溶液）是目前国外生产液体肥料最为普遍的一种氮源，国内对氮溶液的生产和应用尚处于起始阶段。尿素硝铵溶液（Urea Ammonium Nitrate solution），简称 UAN 溶液，国外也称为氮溶液（N solution），是由尿素、硝酸铵和水配制而成。尿素硝铵溶液的生产始于 20 世纪 70 年代的美国，目前已得到广泛使用。我国是氮肥生产大国，但尿素硝铵溶液的生产基本是空白，目前少数企业开始生产。在国际市场上一般有 3 个等级的尿素硝铵溶液销售，即含 N 28%、30% 和 32%（表 6-4）。在尿素硝铵溶液中，通常硝态氮含量在 6.5%～7.5%，铵态氮含量在 6.5%～7.5%，酰胺态氮含量在 14%～17%。不同含量对应不同的盐析温度，适合在不同温度地区销售。含 N 28% 的盐析温度为 $-18℃$，含 N 30% 的盐析温度为 $-10℃$，含 N 32% 的盐析温度为 $-2℃$。

表 6-4 不同等级 UAN 基本情况

原料	含氮（%）		
	28	30	32
硝酸铵（%）	41	44	47

（续）

原料	含氮（%）		
	28	30	32
尿素（%）	32	34	37
水（%）	27	22	16
比重（克/毫升）	1.283	1.303	1.32
盐析温度（℃）	—18	—10	—2

2. 磷源　相对氮源而言，目前用于生产水溶性肥料的磷源相对较少，主要有工业级磷酸一铵、磷酸二铵、磷酸二氢钾、磷酸脲、聚磷酸铵、正磷酸盐、亚磷酸盐、磷酸等。目前我国水溶性肥料生产过程中以工业级磷酸一铵、磷酸二铵使用最为普遍，磷酸二氢钾和磷酸脲因价格相对较昂贵而使用较少，部分企业还使用亚磷酸盐和正磷酸盐作为磷源。磷酸二氢钾和磷酸氢二钾中含有较高的磷钾含量且盐分指数较低，非常适合叶面肥中使用。液体磷酸含磷量高，全部由正磷酸组成，植物能直接吸收利用，但由制作工艺的不同分湿法磷酸和热法磷酸，湿法磷酸中杂质较多，清液肥料中应避免使用。而据了解，相较于其他磷源，美国等发达国家更青睐于聚磷酸铵，美国早在20世纪60年代对于聚磷酸盐就已形成成熟的研究结果，并逐步应用到液体肥料生产中，目前美国每年需要消耗近150万吨的聚磷酸铵。

聚磷酸铵简称APP，是由湿法或热法聚磷酸在高温下与氨气反应而成的化合物。其中聚磷酸则是由正磷酸聚合而成，根据聚合度的大小可以分为二聚、三聚、四聚或多聚磷酸。由此合成的聚磷酸铵也可以照此分类。通常农用聚磷酸铵在2~10聚，不同聚合度的聚磷酸盐其溶解度也各不相同，随着聚合度的增加，其溶解度逐渐降低。农用聚磷酸铵产品中，并不是由单一聚合度的聚磷酸铵组成，而是由多种聚合度的聚磷酸铵构成，以含

P_2O_5 37％的聚磷酸铵为例，不同聚合度的磷形态含量为：正磷酸形态 7.8％，焦磷酸形态 11.4％，三聚磷酸形态 8.5％，四聚形态 4.4％，五聚形态 2.6％，大于六聚的占 2.3％。因此，不同厂家生产的聚磷酸盐即使是在含量相同的情况下，磷形态的比例也是存在差异的。常用的液体聚磷酸铵主要有 10-34-0、11-37-0 两种，聚磷酸铵中含有正磷酸盐和聚磷酸盐，聚磷酸盐具有螯合性和缓释性，聚磷酸铵能螯合溶液中的金属杂质，但聚磷酸铵在酸性和高温环境下易水解，在酸性溶液和高温环境下的液体肥料中要慎用。目前我国对于聚磷酸铵的使用尚处于初始阶段，原料企业也仅有少数几家生产，如云天化集团、越洋化工集团等。

3. 钾源 钾源主要有氯化钾、硫酸钾、硝酸钾、磷酸二氢钾、苛性钾及三聚磷酸钾等。氯化钾含有 47％左右的氯离子，盐度指数较高，大量施用会引起盐胁迫，尤其是对氯敏感作物（马铃薯、葡萄、柑橘、甘蔗、烟草、西瓜、浆果类等）施用含氯肥料一定要控制用量。硝酸钾是一种优质化肥，含 N 13.85％、K_2O 46.85％，并且施用之后无残留，是氯敏感作物的优质肥料。硫酸钾也是一种无氯的优质钾肥，广泛应用在氯敏感作物上，硫酸钾的大量应用，主要得益于其较低的价格，约是硝酸钾的 2/3。与硫酸钾相比，硝酸钾完全由有效物质组成，硫酸钾则含有大量的硫，对某些作物而言，特别是烟草大量施用含硫肥料，会导致烟中的含硫量偏高，降低烟叶的品质。另外，对于相同量的硝酸钾和硫酸钾，硝酸钾含有的钾量约是硫酸钾的1.5 倍，且含有大量的氮肥，硫酸钾的溶解度也较硝酸钾低很多。因此，相比于硫酸钾，水溶性肥料常用硝酸钾提供钾源，同时提供了氮源。

此外，水溶性肥料还需考虑混合反应时各组分的变化，避免生成溶解度低的产物。如硝铵—尿素氮溶液与氯化钾混合时，会降低配方中钾的含量。因为，硝酸铵与氯化钾反应生成硝酸钾及氯化铵，该过程易发生氨气挥发。反应式如下：

$$NH_4NO_3 + KCl = NH_4Cl + KNO_3$$

在此类液体肥中，硝酸钾能提高它的盐析温度，不利于存储，降低了产品等级。而尿素与氯化钾是不发生反应的。用尿素作为氮源代替尿素—硝铵溶液，则溶液的营养元素含量是比较高的，盐析温度也会降低至-12℃，如果还需加入氯化钾，就得注意生成的硝酸钾不要超过此温度的溶解度。

4. 中微量元素　在生产水溶性肥料过程中，钙肥常用的原料有硝酸钙、硝酸铵钙、氯化钙。镁肥常用的有硫酸镁，溶解性好，价格便宜。硝酸镁由于价格昂贵使用较少，目前硫酸钾镁肥越来越普及，既补钾又补镁。中量元素中硝酸钙、氯化钙、硝酸镁、硫酸镁和硝酸铵钙易溶于水，溶解度大，是优良的水溶肥中量元素原料，但含钙化合物在使用时避免与含硫酸根、碳酸根的溶液混合，硝酸钙、氯化钙和硝酸铵钙中的钙离子易与硫酸根、碳酸根形成白色沉淀，从而影响溶液稳定性。但在氯敏感作物中，要谨慎使用氯化钙。此外，一些溶解度较低的碳酸钙、碳酸镁等也可作为中量元素原料，例如，悬浮液体石灰中含有钙、镁元素，是最经济的钙源和镁源，但在配置肥料时要注意碳酸钙和碳酸镁的细度问题。

水溶肥的微量元素原料包括硼砂、水溶性硼、硫酸铜、硫酸锰、硫酸锌、钼酸铵、硫酸锌、螯合锌、螯合铁、螯合锰、螯合铜等。硼酸和硼砂在常温下溶解性较差，但在灌溉施肥时有大量的水去溶解，且施肥时间长，一般不存在溶解难的问题。微量元素很少单独通过灌溉系统应用，主要是通过与含微量元素的水溶性复合肥一起施入土壤。水溶肥料中微量元素的选择要充分考虑各元素之间的反应，避免沉淀和溶解度低的盐类产生，例如在含钙、镁等元素的溶液中，避免添加含硫酸根的微量元素。此外，在偏碱性的溶液中，尽量使用螯合态微量元素，以保持溶液的稳定性。具体中微量元素原料如表6-5所示。

表 6-5　水溶性肥料生产中常用的微量元素肥料

肥料	养分含量（%）	分子式	20℃条件下每百毫升溶解度（克）
硝酸钙	19.0（Ca）	$Ca（NO_3）_2 \cdot 4H_2O$	100
硝酸铵钙	19.0（Ca）	$5Ca（NO_3）_2 \cdot NH_4NO_3 \cdot 10H_2O$	易溶
氯化钙	27.0（Ca）	$CaCl_2 \cdot 2H_2O$	75
硫酸镁	9.6（Mg）	$MgSO_4 \cdot 7H_2O$	26
氯化镁	25.6（Mg）	$MgCl_2$	74
硝酸镁	9.4（Mg）	$Mg（NO_3）_2 \cdot 6H_2O$	42
硫酸钾镁	5.0～7.0（Mg）	$K_2SO_4 \cdot MgSO_4$	易溶
硼酸	17.5（B）	H_3BO_3	6.4
硼砂	11.0（B）	$Na_2B_4O_7 \cdot 10H_2O$	2.10
水溶性硼肥	20.5（B）	$Na_2B_8O_{13} \cdot 4H_2O$	易溶
硫酸铜	25.5（Cu）	$CuSO_4 \cdot 5H_2O$	35.8
硫酸锰（酸化）	30.0（Mn）	$MnSO_4 \cdot H_2O$	63
硫酸锌	21.0（Zn）	$ZnSO_4 \cdot 7H_2O$	54
钼酸	59.0（Mo）	$MoO_3 \cdot H_2O$	0.2
钼酸铵	54.0（Mo）	$（NH_4）_6Mo_7O_{24} \cdot 4H_2O$	易溶
螯合锌	5.0～14.0（Zn）	DTPA 或 EDTA	易溶
螯合铁	4.0～14.0（Fe）	DTPA、EDTA 或 EDDHA	易溶
螯合锰	5.0～12.0（Mn）	DTPA 或 EDTA	易溶
螯合铜	5.0～14.0（Cu）	DTPA 或 EDTA	易溶

注：氯化钙有多种结晶水状态，含钙量与结晶水多少有关。

5. 有机原料　水溶肥的有机原料包括腐殖酸钾、生化黄腐酸、多肽类、聚谷氨酸、氨基酸等类营养物。类营养物质主要包括寡糖、海藻酸、甲壳素、甲壳糖、氯化胆碱、甜菜碱、二氢茉莉酸甲酯、木质素、维生素、核黄素、缩糠醛、苯肽胺酸、黄酮、乙二醇、茉莉酸、水杨酸、腐殖酸和氨基酸等。类营养物质虽然有别于养分，但添加到肥料中也能够起到一定的增效作用，如促进作物生长、提高作物抵抗能力和产品品质等。腐殖酸通常分为水溶性腐殖酸和碱溶性腐殖酸，液体肥料中常用的水溶性腐殖酸有腐殖酸钾、腐殖酸钠、生化黄腐酸等；另一类碱溶性腐殖酸，需在碱性溶液中才能溶解。液体肥料中的液体氨基酸由于制作工艺的不同可分为含氯离子的氨基酸和含硫酸根离子的氨基酸，在使用含氯离子氨基酸时要注意避免在氯敏感作物上使用，含硫酸根离子的氨基酸，要注意避免与钙形成沉淀影响肥料稳定性。

目前，在液体水溶性肥料生产中添加类营养物质较为普遍，当前我国主要生产原料还是以海藻酸、腐殖酸和氨基酸为主。而国外对于类营养物质的研究相对更为成熟，原料来源范围更为广泛，而且多采用复配技术，同时添加多种类营养物质按照某种比例实行复配，有了更大的提升空间。

二、水溶性肥料助剂的选择

水溶性肥料助剂种类包括酸碱调节剂、防结块剂、促溶剂、螯合剂、渗透剂、悬浮剂、乳化剂、防结晶剂、稳定剂、保水剂、染色剂等，其中水溶肥生产中常用的是防结块剂、酸碱调节剂和螯合剂。

螯合剂在肥料生产过程中有着重要用途，可以与金属离子产生较稳定的水溶性络合物，其中，螯合剂的选择与肥料产品的酸碱度有关联：当产品的 pH≥7.5 时，选用 DTPA 作为螯合剂效果好；当产品 pH<7.5 时，选用 EDTA 作为螯合剂效果好；此外，美国 GREENCARE 独创的离子保持剂，可以使各种营养元素都能以离子状态存在于同一种溶液，避免了化学反应生成沉淀。增效剂多为非离子态的表面活性剂，如脂肪醇聚氧乙烯醚（平平加）、烷基酚聚氧乙烯醚、脂肪酸聚乙二醇酯、多元醇酯、甘油单硬脂酸酯、脂肪胺聚氧乙烯醚、聚醚、蔗糖酯、烷基糖

苷（APG）等非离子型表面活性剂。

　　水溶性防结块剂是以阴离子、非离子表面活性剂及水溶性高分子聚合物为主要成分的混合物，如进口的花王防结块剂、上海永通化工的 LILAMIN AC 41P 防结块剂。阴离子表面活性剂主要包括烷基硫酸盐、烷基苯磺酸盐等；非离子表面活性剂有脂肪醇聚氧乙烯醚；聚合物主要有聚乙烯吡咯烷酮、聚丙烯酰胺、聚乙烯醇和羧甲基纤维素等。一些能部分水合或完全水合的无机盐也具有防结块性能，如硫酸镁、硝酸镁等。一般情况下，高分子表面活性剂络合物比分别使用单一成分的协同效果显著，具体地说不同的肥料选择防结块剂必须通过实验来选择添加助剂的种类及添加量。同时，选择的水溶性肥料助剂应满足以下要求：能够完全溶于水中，施用后应具有较长时间的效果，化学性能良好、稳定；有合理的经济适用性（单位产品花费少），不能降低产品质量和影响产品使用；施用时操作简便，对土壤无污染，生物降解性好。

　　液体肥料要求具有良好的稳定性、均一性、流动性及分散性等。为保持液体肥料的稳定性需向肥料中添加稳定性助剂，如增稠剂、乳化剂、分散剂及渗透剂等。乳化剂主要有乳化、湿润、增溶三种作用。乳化剂主要是使液体肥料中不亲水的成分能均一地分散于溶液中，形成相对稳定的乳状液体。液体肥料乳化剂以添加完乳化剂后，液体肥料保持稳定均一，在水中能迅速分散，形成相对稳定的溶液为首要条件。目前乳化剂多为混配型乳化剂，即由一种阴离子型乳化剂与一种或几种非离子型乳化剂按一定比例混配而成。混配型乳化剂不仅能产生比原来各自性能更优良的协同作用，降低乳化剂的用量，而且更容易控制和调节乳化剂的 HLB 值，使其对液体肥料的适应性更宽，配成的乳液更稳定。分散剂有拉开粉、木质素磺酸钠、聚羧酸钠和十二烷基苯磺酸钠等，这些分散剂水溶性好，耐盐能力强，和肥料的配伍能力好。但不同配方的液体肥料通常需要不同种类及用量的分散剂。

液体肥料中在选择最适分散剂时通常采用测流点和黏度的方法，这种方法既能准确的选择分散剂又能确定最适分散剂的用量。抗冻剂的种类很多，通常液体肥料中适用的抗冻剂有甘油、乙二醇、乙醇、丙二醇、甲基亚丙基双甘醇等。符合要求的抗冻剂不仅防冻效果好而且挥发性低，而且具有助溶作用。在液体肥料中添加渗透剂能提高液体肥料的肥效，特别是在叶面肥和憎水性土壤中，效果尤其明显。液体肥料中常用的渗透剂有木质素磺酸钠、萘磺酸钠甲醛缩合物、脂肪醇聚氧乙烯醚、脂肪醇、三乙基己基磷酸、甲基戊醇、聚丙烯酰胺、脂肪酸聚乙二醇脂、聚乙二醇或乙烯基双硬脂酰胺等。液体肥料中渗透剂由最初的湿润性和展着性等功能，延伸至目前的湿润性、渗透性、抗蒸腾性、增效性、黏着性和成膜性等。目前液体肥料中使用的渗透剂通常由几种表面活性剂混合而成，优良的渗透剂具有成本低、刺激性小、安全性高（火灾危险性小）、植物药害小，兼具优良的混用性和相容性。稳定剂可以是具有螯合功能的六偏磷酸钠、焦磷酸钠、柠檬酸、马来酸、乙二胺四乙酸、乙二胺四甲叉膦酸、葡萄糖酸、木质素磺酸盐等络合剂，此类络合剂一般可以络合原料中的杂质，使液体肥体系变得透明清澈。另外，还可以添加具有絮凝澄清功能的澄清剂，将液体肥体系中的杂质沉降出来，如植酸、明胶、聚乙烯吡咯烷酮、单宁、明矾、硅藻土等均可应用，通常推荐添加量为 $0.1\% \sim 0.5\%$。

悬浮型液体肥料几乎都根据原液的性能添加不同的助剂，包括增稠（悬浮）剂、分散（降黏）剂、润湿（铺展）剂等。增稠剂常用于悬浮肥中起悬浮稳定剂的作用，常用的液体肥料增稠剂有羧甲基纤维素、羧甲基纤维素钠、硅藻土、凹凸棒土、硅凝胶、阿拉伯树胶、沙蒿胶、葫芦巴胶、聚丙烯酰胺或聚乙烯醇等。液体悬浮肥中的增稠剂首选能溶于水的增稠剂，抗盐能力强，用量少增稠效果好，稳定性高，不易引起胀气的增稠剂。常用的增稠剂有黏土类（膨润土、海泡石、硅镁土、斑脱土等）、黄原胶、阿拉伯树胶、改性纤维素、改性淀粉、聚乙烯吡咯烷酮等；分散剂和润湿剂有硅系表面活性剂、十二烷基硫酸钠、藻酸、烷基磷酸酯、β-萘磺酸-甲醛缩合物，以及具有可生物降解性能的烷基多糖苷、聚甘油酯和纤维素醚等；消泡剂有烷醇（如正辛醇）、磷酸三丁酯等。

三、科学配方的选择原则

水溶性肥料的养分配比及肥料类型与多种因素关联，如栽培作物品种、作物的生长时期、基质类型、施肥周期以及前茬施肥类型等。水溶性肥料的科学配方需要以土壤养分测试和肥料田间试验为基础，根据作物对土壤养分的需求规律、土壤的养分供应能力及肥料效应，在合理施用有机肥料的基础上，提出氮、磷、钾及中、微量元素肥料的适宜养分比例，同时提供相应的施用数量、施用时期、施用方法和灌水制度等作物全生育期一整套的施肥方案。

1. 依据土壤养分和作物需求确定　配方是水溶性肥料产品的核心和技术关键。水溶性肥料配方的选择首先应符合科学性，能提供适应特定作物营养要求的养分形态、比例、含量和特殊的养分需求，其次应充分考虑施用地区的有机肥水平、土壤养分水平和施肥时期作物对养分的需求，还要与推荐的施肥技术（施肥量、施肥时期和施肥条件等）相适应。作物对不同营养元素的供应浓度的需求不同，这取决于作物的 N-P-K-Ca-Mg 吸收比例，营养元素的选择需要考虑到投入有机肥养分总量以及释放规律。此外，作物生长需要适宜的根层养分，肥料的用量应保持适宜的根层养分供应浓度，浓度过高则容易造成资源浪费和损失，浓度过低则容易导致作物减产，品质变劣，影响效益。

水溶性肥料的养分有不同的形态，如氮有铵态氮、硝态氮和酰胺态氮；钾有含氯的和不含氯的等。养分形态不同在土壤中的表现及对作物的影响不同，如不同形态的氮素淋失风险、作物吸收性、是否适合反季节作物等均表现不同（表 6-6）。某些作物在不同生长环境所需养分形态不同，如水田和旱田分别以硝态氮和铵态氮为宜；烟叶在所需的氮中，要有一定比例的硝态氮，还必须施无氯钾肥，以改善烟叶的品质。所以针对不同作物，要选择合适的养分形态，才能保证作物对养分的高效吸收。其中氮素调控在水溶性肥料基础肥选择中至关重要，过多的硝态氮会增加氮素的淋失风险。由于作物具有一定的生长期和需肥期，而水溶肥料中的养分受到各种条件的影响和限制，其肥效期长短不一，为了满足作物生长期的全部养分需要，在选择原料肥时要加以考虑。

表 6-6　不同形态氮素在土壤中的淋失风险及作物的吸收性

供应形态	淋失风险	作物吸收性	是否适合反季节
铵态氮	低	好	一般
硝态氮	高	好	是
酰胺态氮	中	差	否

土壤溶液中的离子易发生拮抗/竞争抑制，如：过量 NH_4^+ 供应易导致作物 K^+、Ca^{2+} 缺乏；过量 K^+ 供应易导致 Mg^{2+} 缺乏；过量 PO_4^{3-} 供应易导致 Zn^{2+} 缺乏。因此应保证养分平衡供应，维持一个比较合理的根层土壤养分相对比例。水溶性肥料主要用在生长期，在作物的管理中，大量基施有机肥，那么有机肥中的养分很大程度上能够满足作物前期生长的需要，所以仅需针对追肥制定水溶性肥料的配方，调控作物后期的生长。表 6-7 为作物基肥/追肥管理的一般性选择。水溶肥配方确定的基本原则是以氮定磷、钾，主要考虑到氮在土壤中非常活跃，容易发生淋洗、氨挥发、径流损失、硝化反硝化、土壤固持等现象，而磷、钾在土壤中比较稳定，土壤磷、钾含量变化较小。合理地选择作物的水溶性肥料配方和确定合理施用方案，不仅能减少农民投

入，而且对减少土壤养分累积和资源浪费都非常重要。

表 6-7 用作基肥和追肥的不同肥料种类

基肥	追肥
普通有机肥	水溶肥（根外追施、滴管、冲施）
有机—无机复混肥	专用肥/复混肥
作物专用肥	液体有机肥

作物正常生长需要微量元素，微量元素的种类主要包括目前已公认的作物必需的硼、锌、锰、钼、铜、铁。有时也拓展到一些目前还没有完全得到公认，但对某些作物或动物营养是必需或有益的微量元素，在必要时也可作为特定的作物肥料，如水稻需要的硅肥。这也是提高水溶肥利用率的有效途径之一。然而植物只能吸收能溶于水的显离子态或螯合态的元素（表 6-8），以离子态施入土壤的微量元素极易被土壤中的 CO_3^{2-}、PO_4^{3-}、SiO_3^{2-} 等固定，成为难溶的盐，金属螯合物、络合物则可防止这一现象的发生。另外，需要注意水溶肥料中添加微量元素的类型、用量以及添加工艺。

表 6-8 微量元素吸收形态

元素	吸收状态	确定年代	学者
铁	Fe^{2+} 或金属螯合物	1844	Crise
锰	Mn^{2+} 或金属螯合物	1922	Mclangne J S
锌	Zn^{2+} 或金属螯合物	1926	Sommer A L
铜	Cu^{2+} 或金属螯合物	1931	Lipman B
硼	$H_2BO_3^-$	1923	Amigton K
钼	MoO_4^{2-}	1939	Amon D I
氯	Cl^-	1954	Brogor T C
钠	Na^+	1957	Brouwnell P F

2. 符合加工和成型要求原则　水溶肥料的生产原料是单质肥料、复合肥料或一些添加剂，原料在水溶肥生产过程中可能会发生相互影响。选用的基础肥源应具有工艺加工或成型的合理性，以使产品具有良好的物理性质，并控制生产过程中不利的化学反应；加工后的水溶性肥料，既能满足作物生长发育的需要，同时有良好的物化性能。在选择原料时，必须注意以下几个要点。

(1) 肥料中各元素间的协同、等值与拮抗作用　水溶性肥料中各元素在土壤溶液中呈离子状态，对作物吸收产生三种作用，即协同作用、等值作用和拮抗作用（图 6-3）。协同作用是促进作用或补充作用，即两种营养元素的联合生理效应大于它们单独生理效应之和；拮抗作用是两种营养元素的联合效应小于它们单独生理效应之和；等值作用是两种养分配合施用时的增产效果等于两种养分单独施用时的增产效果之和。选择水溶性肥料原料时，要适当考虑肥料之间表现出来的相互作用，应避免或减少养分元素在土壤溶液中的拮抗作用。

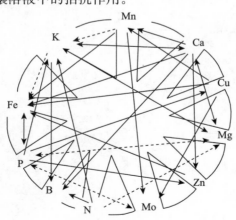

图 6-3　养分离子间的相互作用

注：实线代表拮抗作用，虚线代表协同作用。

（2）**水溶性肥料中营养元素的配伍**　水溶性肥料中营养元素的科学配伍至关重要。需要注意的问题有：两种或两种以上单质化肥及中、微量元素肥料能否配混，它们与含功能性物质的有机肥能否配混，它们与防病、虫、草害的农药能否配混。一般要求配混时发生的物化现象能改善或不削弱混合料的质量，防止有些原料混合后发生化学反应，而使营养成分损耗（如营养成分挥发掉或转变为不被作物吸收的形态）和肥料物理性质变坏。因此，必须根据原料的混配性进行原料选择（表 6-9），如尿素和硫酸镁混合后很容易潮解，磷酸盐与钙盐反应生成磷酸钙沉淀，硝酸铵钙和硝酸钙在高温、高湿下很容易潮解。生产固体水溶性肥料一般不添加钙元素，如果要生产含钙固体水溶肥，原料只能选择 EDTA-Ca。

表 6-9　常用肥料间的混配关系

肥料间的相容性

尿素	硫酸铵	磷酸铵	硝酸铵	硝酸钙	硝酸钾	氯化钾	硫酸钾	硫酸镁	磷酸钾	硫酸铁、锰、铜、锌	铁、锰、铜、锌螯合物	硫酸	磷酸	硝酸
尿素														
√	硫酸铵													
√	√	磷酸铵												
√	√	√	硝酸铵											
√	×	×	√	硝酸钙										
√	√	√	√	√	硝酸钾									
√	√	√	√	×	√	氯化钾								
√	R	√	√	×	√	R	硫酸钾							
√	√	√	√	×	√	√	R	硫酸镁						
√	√	√	√	×	√	√	√	×	磷酸钾					
√	√	√	×	√	√	√				硫酸铁、锰、铜、锌				
√	√	R	√	R	√	√	√	√	R	√	铁、锰、铜、锌螯合物			
√	√	√	√	×	√	√	R				R	硫酸		
√	√	√	√	√	√	√	√				R	√	磷酸	
√	√	√	√	√	√	√	√				×	√	√	硝酸

注：√表示可以混合；×表示混合后会产生沉淀；R表示降低溶解度。

（3）肥料混合效应 影响固体水溶性肥料产品物理性状的主要原因在于吸湿性的变化。两种以上肥料的混合物通常比其中任何一种单体肥料的临界相对湿度都低，称之为肥料混合效应。肥料的吸湿性以其临界相对湿度（CRH）来表示，即在一定温度下（20±2）℃，肥料开始向空气中吸水或失水时的空气的相对湿度。肥料盐类的混合效应最特别的是硝酸铵和尿素，其混合物的临界相对湿度非常低，只有18.1％，因此应避免这两种肥料同时使用。一般来说，由两种以上肥料盐组成的混合物的临界相对湿度比其单一肥料盐的临界相对湿度低（图6-4），即复混肥料的临界相对湿度比单一肥料低，比较容易吸水，因而复混肥料选择原料时，力求混合物的临界相对湿度尽可能高一些。

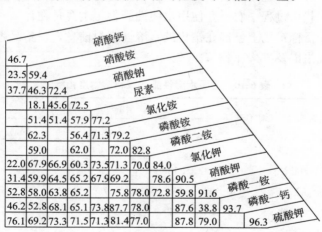

图6-4 30℃时肥料及其混合物的临界相对湿度

（4）肥料的溶解度 基础原、辅料的溶解度直接影响水溶性肥料产品的溶解性，一般基础原、辅料溶解度大的，其水溶肥料溶解度也大（表6-10）。在选择原料基础肥时要充分考虑其溶解度。

3. 满足市场需求原则 市场需求是指一定农户在一定地区、

一定时间、一定市场营销环境和一定市场营销方案下，对某种商品或服务愿意而且能够购买的数量。市场需求的构成要素有两个：一是消费者愿意购买，即有购买的欲望；二是消费者能够购买，即有支付能力，两者缺一不可。市场需求是水溶性肥料产品配方设计最根本的出发点。市场需求分为现实需求和潜在需求两种，既不能放过前者，又要瞄准后者，这才是开发水溶性肥料产品的明智决策。分析新产品的市场需求，主要是估计市场规模的大小以及产品潜在需求量。因此必须了解：①确定目标区域市场；②目标市场范围内，主要种植的作物；③主要种植作物在生产中常见的问题、缺素症状；④主要作物肥料使用情况，包括整个栽培过程中施用肥料的时期、种类，肥料投入成本等；⑤哪些作物在栽培过程中农民会使用水溶性肥料，主要是在什么时期使用；⑥目标市场上已经在销售的水溶性肥料信息，包括品牌、价格、规格以及推广作物等。

表 6-10　主要水溶性肥料原料溶解度指标

肥料名称温度（℃）	溶解度（克/升）						
	0	5	10	20	25	30	40
硝酸钾	108	133	170	209	316	370	458
硝酸铵	983	1 183	1 510	1 920	NA	NA	NA
硫酸铵	592	710	730	750	NA	NA	NA
硝酸钙	NA	1020	1130	1290	NA	NA	NA
硝酸镁	NA	680	690	710	720	NA	NA
磷酸一铵	227	250	295	374	410	464	567
磷酸二氢钾	NA	110	180	230	250	300	340
氯化钾	276	NA	310	340	NA	NA	400
硫酸钾	73.5	80	94	111	120	NA	148
尿素	400	429	457	511	NA	572	623

注：NA 表示未知。

第四节 水溶性肥料的发展与应用问题分析

一、我国水溶性肥料发展存在问题

在新标准中，对"水溶肥料"给出了定义：水溶肥料为经水溶解或稀释，用于灌溉施肥、叶面施肥、无土栽培、浸种蘸根等用途的液体或固体产品。但标准中并没有对"大量元素水溶肥料"给出精确的定义。在这个标准中规定的水溶肥料，实际上指水溶性的复合肥或混合肥，不是指尿素氯化钾等单质水溶肥料（实际上这些肥料已有国家标准）。能准确概括其真正内涵的名称应叫"水溶性复混肥"，这样既与普通复混肥区别开来，又可以包含各种营养元素。通常大量元素仅指氮、磷、钾，但目前的标准又要求微量元素达到0.2%～3.0%（或中量元素大于1.0%），与"大量元素水溶肥料"的名称不符。如果叫"水溶性复混肥"，钙、镁、硫及微量元素都可以包括在内。其实水溶性复混肥料只是复混肥料的一部分。也可以以水不溶物这个指标来定义肥料的等级，取消"大量元素水溶肥料"的称谓。在实际应用中也是这样区分的。如水不溶物小于0.1%可以用于滴灌系统，水不溶物小于0.5%可以用于喷灌系统，水不溶物小于5%可以用于冲施、淋施、浇施等（非常准确的水不溶物含量与各种施肥方法的关系有待科研部门试验验证）。只要在肥料包装上强制要求注明水不溶物含量就行。实际上就是在复混肥的标准内增加一条水不溶物的要求或者在肥料的包装标准上增加水不溶物含量标识这一条。

我国的水溶性肥料虽然发展迅速，但在配方设计、生产技术、肥料应用以及市场管理等方面还存在一些问题。总的来说，有以下几点。

1. 配方制定盲目 国内许多生产厂家过度关注肥料的包装与宣传，而在确定产品配方时，并没有根据不同作物以及作物各生长时期的养分需求配置，从而导致产品使用时并不能达到预期的结果。配方的选择应符合追肥原则：一是提供能适应特定作物营养需求的养分形态、比例、含量和特殊的养分需求；二是充分考虑施用地区的有机质水平、土壤养分水平、该作物在当地的中微量元素丰缺问题和施肥时期的要求；三是选定的配方应与同时推荐的施肥技术（施肥量、施肥时期和施肥条件等）相适应。

2. 产品标准缺乏规范 我国的标准体系比国外的标准法规稍微欠缺。在养分含量上给予水溶性肥料一个高门槛的限定标准，一定程度上限制了中低端水溶肥产品的发展，但却加快了我国水溶性肥料的复合化进程。相比而言，国外完全水溶性肥料产品并没有执行严格的强制标准，完全水溶性肥料产品的剂型和养分配比多是根据不同作物和作物生长时期而定，配方灵活。另外，一些知名的国外产品的包装说明的内容也要比国内产品标识明确详细得多，而且更加人性化。

3. 生产技术落后，研发基础薄弱 与国际水溶性肥料公司相比，国内水溶性肥料生产技术相对落后，生产设备极其简陋，在研发资金和技术人员的投入上严重不足，且技术研发与市场需求脱节。对改善生产工艺及技术、促进养分吸收、提高有效成分浓度、增加体系稳定性、提高不同原料的混配技术等的研究不够，缺乏对螯合剂、表面活性剂、新型化合物、功能性物质的开发研究与应用。不少企业仅仅是将尿素、硝酸钾、水溶性磷酸一铵等原料进行简单物理混配，生产车间简陋，没有吸湿设备，染色及防结块技术不过关，生产出来的肥料往往出现潮解、结块、染色不均、杂质过多、水不溶物含量不达标等现象，严重影响水溶性肥料的销售。

4. 灌溉设备与技术不完善 水肥一体化技术的正确应用缺乏有效的示范和培训。灌溉行业与肥料行业存在一个断层，即肥料的企业只知哪个肥料好，能提高产品品质和性状，但哪些用于滴灌哪些用于喷灌并不清楚。卖滴灌设备或安装滴灌设备的人只给农户"搭框架"，却不去建议农户如何选择肥料。我国的灌溉设施存在一些设计不合理，安装粗放，缺乏技术服务等问题，导致设备应用效果大打折扣。我国的灌溉施肥技术则刚处于起步阶段，还没有形成完善的水溶性肥料供应体系，设施配套瓶颈阻碍水溶性肥料发展。

5. 缺乏肥效试验及市场试推广　肥效试验即肥料的功能性试验，包括肥效、抗旱、抗寒等其他功能。这些试验可以在试验室完成，也可以在大田试验中进行。国内水溶性肥料企业在肥料的研发过程中，大多已省略这个环节，直接将产品推向市场，肥料推向市场后产生了不少未预料的问题。为了节省时间，可以考虑做短期作物的盆栽试验。此环节很重要，是验证肥料肥效与功能的重要过程，可以及时为产品的"修正"提出依据。市场试推广，是指将研发产品研发出来之后，带上样品，产品相关指标，给客户将产品的优势以及功能性作出宣讲，听取客户的意见。然后综合意见再次对产品进行修正。

6. 水溶性肥料市场混乱　目前市面上水溶性肥料产品良莠不齐，鱼目混珠，做什么的都有，有假货，打着进口旗号实际国产的，无证打擦边球的，含量不足的企业很多。市场上缺乏主导品牌，高档产品只能依赖进口。相比普通复合肥料，水溶性肥料的利润空间较大，吸引了不少不良厂家。由于水溶性肥料生产工艺简单，经过染色后很难分辨其生产原料，因此不少厂家以硫酸镁、硫酸锌等低价肥料添加剂经过染色后冒充水溶性肥料，或者以硫酸镁、硫酸锌等低价肥料替代部分生产原料以牟取高额利润。

7. 价格居高不下，消费需求受限　水溶性肥料的价格远高于普通复合肥料的价格，一方面是因为生产原料价格较贵，另一方面是水溶性肥料销售较少，仍然处于推广阶段，渠道销售需要大量的推广服务支持，推广服务费用较高，所以价格一直保持高位难以回落。经过十几年的发展，国内高端水溶性肥料的价格逐渐下降，但是价格仍是普通复合肥料的5～10倍。这主要是由于市场宣传的蛊惑，导致人们盲目地选用高端水溶性肥料，而忽视了物美价廉的水溶性单质原料肥和复合原料肥。

二、我国水溶性肥料的产业创新

面对水溶性肥料研发、生产及市场等众多问题与挑战，我国水溶性肥料的发展必须要有创新性，以增加水溶性肥料产品的技术含量与卖点，提高产品的市场竞争力。

1. 适宜的配方就是最好配方　根据作物的养分需求规律，穿透作物，提高产品养分浓度，并针对每种营养元素设计独特，如此才更易被作物吸收，且提高肥料利用率。在作物关键生育时期或需肥高峰期（苗期、开花坐果时期、果实膨大期等）快速提供所需氮、磷、钾及微量元素等养分，保花保果、果实膨大增甜等，矫正缺素症状。从而增加作物产量，改善品质。产品配方的设计要遵循营养、抗逆、促根、改土和提质等原则。

2. 水溶性肥料原料的创新性选择　在水溶性肥料生产中，原料选择非常重要。与常规复合肥相比，生产水溶性肥料的主要原料中氮、磷、钾源原料选择略有不同，中微量元素的加入也有所差异。水溶性肥料原料选择需关注两个方面的技术指标：一是肥料的盐指数，尽可能选用低盐指数的肥料品种；二是肥料的水不溶物含量，国内水溶性肥料标准中水不溶物规定小于5%，实际上对不同应用场合要求不尽一致，如滴灌施肥，则一般要求水不溶物含量低于0.5%。

水溶性肥料原料在选择和复配时应遵循如下原则：①确保肥效不受影响；②确保产品的功能性，满足市场需求；③确保产品的保质期；④确保产品的安全性（避免其毒性、易爆性等）；⑤确保产品的"卖相"，关注产品的外观性状。随着水溶性肥料不断发展，人们对其生产原料有了更深的了解，功能型原料和特色原料逐渐崭露头角，研发新化合物（表6-11）、应用新化工原料，提高产品性能。

表 6-11 不同种类硼肥性质比较

硼肥	含 B 量（%）	速溶性	20℃条件下每百克水溶解度（克）	利用率
硼酸	17	差	5	一般
硼砂	≤10	低	2.01	较低
八硼酸钠	21	强	15.1	高

（1）**特色原料是亮点** 随着规模化农业发展的需求，目前市场出现的主要原料肥料，如尿素—硝铵溶液（简称 UAN）、硝酸铵钙、硝酸钾、磷酸二氢钾及磷酸铵类系列产品受到热捧。尿素硝铵溶液是由尿素、硝酸铵和水配制而成。市场上常见的溶液含氮量为 28%、30% 和 32%。其中硝态氮含量一般在 6.5%～7.5%，铵态氮含量一般在 6.5%～7.5%，酰胺态氮含量一般在 14%～17%。在生产销售尿素硝铵溶液时应注意盐析温度。2012 年全球尿素硝铵溶液的产量超过 2 000 万吨，其中美国占了全球产量的 2/3，达到 1 360 万吨，法国 200 万吨，其他如加拿大、德国、白俄罗斯、阿根廷、英国、澳大利亚等国的产量在 100 万吨以内。2013 年 4 月第七届农业部肥料登记评审委员会第一次会议上通过了两个国产尿素硝酸铵溶液的登记，并将"尿素硝酸铵溶液"作为肥料通用名称列入肥料登记目录。

磷酸铵类系列主要包含磷酸一铵、磷酸二铵和聚磷酸铵等。其中聚磷酸铵作为新兴原料，独具特色。聚磷酸铵是一种低氮高磷复合肥，易溶、分散性好，有 3 种配比：10-34-0（液体）、11-37-0（液体）和 12-57-0（固体）。聚磷酸铵可与湿法磷酸中普通杂质如镁、铁、铝等螯合，不产生沉淀，也不会损失有效磷。加入的微量元素可以被螯合，成为均匀一致的多元溶液肥料。农用聚磷酸铵聚合度通常为 5～18，且溶解性好，是液体肥料的主要品种。由聚磷酸铵制成的复混肥盐析温度可达 0℃以下，有些可达－18℃，便于寒冷地区贮藏。

（2）**功能性原料是热点** 用于水溶性肥料生产的功能性原料

主要有腐殖酸、浓缩糖蜜发酵液、氨基酸、海藻酸、微生物及益生菌等。

腐殖酸：叶面喷施腐殖酸可引起植物叶面气孔关闭，起到抗旱作用；增强作物抗逆性能；增加土壤团粒结构，改善孔隙状况；提高土壤阳离子吸收性能，增加土壤保肥能力。

浓缩糖蜜发酵液：以甘蔗糖蜜、淀粉、甜菜抽出物等为主要原料，经深层液态微生物发酵技术发酵，再经浓缩后制成，是一种新型液态原料，主要含丰富的腐熟型有机质，有机态氮、磷、钾，可溶性腐殖酸，植物必需的氨基酸和多种中微量元素，广泛用于肥料、饲料产业。

氨基酸：能够促进根系吸收、改良作物品质等。氨基酸在微量元素上有螯合效应。当与微量元素一起施用，微量元素在植物体内的吸收和运输要更容易。这种效应是由于螯合作用和分子膜渗透的影响。L-甘氨酸和L-谷氨酸被认为是非常有效的螯合剂。

海藻肥：除为作物提供 N、P、K、Fe、B、Mo 等元素，还含其他活性物质如海藻多糖及低聚糖，可增强吸水性和对无机离子、重金属离子的螯合作用，能提高机体免疫力。海藻中含有植物内源生长素和类植物生长素。最普遍的植物生长素是吲哚乙酸及赤霉素。

微生物及益生菌：能够活化并促进植物对营养元素的吸收；产生多种生理活性物质，刺激调节植物生长激素、酸类物质等；产生多种抑病物质，提高植物的抗逆性，间接促进植物生长。

3. 水溶性肥料加工工艺的技术创新 我国水溶性肥料生产主要分为固体水溶性肥料生产和液体水溶性肥料生产两大类。不同水溶性肥料的生产工艺及生产中存在的问题不同。常规掺混固体水溶肥生产通常包括物料粉碎、筛分、计量、混合、包装等过程。在生产中要注意混合的均匀性、肥料的吸湿结块性、肥料溶解后抗硬水性、肥料各组分间可反应性与物料添加顺序等问题。目前，固体水溶性肥料生产中主要存在吸潮、结块及气胀的问题。液体水溶肥生产主要通过溶解、螯合等工艺，将各种营养组分、助剂及活性物质等成分溶解到水中，加工成液体剂型。生产工艺过程包括水质净化、原料称量与溶解、营养组分螯合与复配、酸碱度检验及调整等。由于生产中所有成分要溶解于水，故其养分含量受到很大限制。在其生产中要关注生产用水的水质情况、工艺操作条件、pH 变化等。目前，液体肥的生产中主要存在结晶、分层、胀气及黏度增加与流动性变差等问题。

　　面对水溶性肥料生产中存在的问题，必须通过技术创新才能解决。第一，要通过原料选择来确定大、中、微量养分形态和配比，挑选合适功能性有机物质，缺啥补啥，"十全大补丸型"的肥料会逐渐被市场淘汰。第二，要通过提高肥料的混配性，如与农药、极性杀虫剂、杀菌剂、植物生长调节剂的混配性，从而提高效率。第三，要加强研究螯合技术，促进吸收、增加稳定性。第四，通过加强研究促根抗逆技术，促进植物吸收，进而提高效率。第五，提高产品的适应性，防止沉淀、分层或者结块发生。第六，通过提高液体和固体肥料的养分浓度，以减少运输成本。第七，实现加工设备的简单化、密闭化、自动化或者标准化，同时开放应用活性物质，发挥施肥综合效果。

三、产品稳定性与质量控制

　　固体水溶性肥料一般为粉剂或颗粒状，养分含量较高，对包装要求不是很严格，贮存和运输方便，但存在着几大突出的问题，如胀气、结块与沉淀等；液体肥料在生产过程中通常添加一定量的湿润剂、渗透剂、黏着剂等增效助剂来提高产品的施用效果，但是由于原料种类及元素形态或助剂种类及添加量不当等容易出现结晶、沉淀、浑浊、胀气等现象。

1. 水溶性肥料常见的几个问题

（1）肥料胀气问题　水溶性肥料胀气是两种或两种以上物料反应，放出气体而导致的。在生产肥料过程中，能够产生胀气物质主要有硼砂、铵盐、填料和杂质等。

硼砂在生产过程中其内部含有少量的碳酸盐，因此遇到酸性物质易放出二氧化碳气体，产生胀气。如硼砂遇到硫酸锌、硫酸亚铁、硫酸锰、硫酸铜或其他偏酸性的物质，会产生气体而胀气，进而产生结块问题。

铵盐一般遇到碱性物质或高温，会放出氨气而胀气。因此，存放铵盐类复合肥料时，要避免与碱性物质混合，另外铵盐类肥料生产和运输过程中要尽量避免高温。

杂质一般是由生产废料的原料带进的，其与肥料混合，会产生气体，所以购买原料时应选择正规厂家生产的质量好的原料，其杂质含量少，不会放出气体。

因此，为防止胀气，要注意以下几方面问题：第一，合理搭配原料，原料与原料之间不能发生化学反应，关于此可以请教相关的技术人员；第二，购买合格原料，不能一味地追求低成本，购买不合格的产品容易胀气；第三，进行大批量生产前应先做小实验，即现将生产原料按配比密封于塑料袋中，50℃恒温条件下放置 3～7 天，若不胀袋，再进行规模化生产。

（2）肥料结块问题　肥料的结块问题一般出现在肥料的加工、贮存和运输过程中，主要因为微观肥料晶粒发生吸湿，表面溶解（潮解）蒸发，再结晶而导致的，在这个过程中形成晶桥，导致小颗粒变成大颗粒而结块。结块问题主要跟物料特性（生产肥料的原材料）、温度、湿度、外界压力以及存放时间等有关。晶桥理论认为物体内水分使物体表面溶解或重结晶，从而在晶粒之间的相互接触点上形成晶桥，随着时间的推移，使晶粒黏结在一起，逐渐形成巨大的晶块。毛细管吸附理论认为，由于晶粒间毛细管吸附力的存在，使毛细管弯月面上的饱和蒸汽压低于外部的饱和蒸汽压，具有吸湿性的肥料在临界湿度以上吸收水分，导致了相邻颗粒间形成交联和黏结成团块。一般根据肥料结块的程度划分为三种情况：严重结块、部分结块和轻度结块。轻度结块，通过轻微的振动可以恢复到自由流动的状态，难以准确进行实验评价；严重结块，出现整堆化肥结成了一个大块，难以弄碎，在结块过程中往往会将未结块的肥料包裹进去，也难以准确进行实验评价；部分结块，选择结块率 40% 为定量评价指标（温度为 60℃，相对湿度为 90% 条件下）。商品肥料施用方便的基本要求是肥料完全松散（可以自由流动），或者虽然稍有结块，但只要稍加处理即可恢复原来自由流动的状态。

肥料的质量，即化学组成和物理状态，在很大程度上取决于肥料混合过程中所发生的化学反应、有关组分的化学反应性、湿润条件和环境温度。肥料结块被认为是由多种因素引起的，主要包括原料性质、粒度、湿度、温度、贮存的压力和时间，各因素中压力的影响可以人为调节，而大气温度和湿度的影响则是不易控制的。随着气温的升高和水蒸气饱和度的增加，各组分之间的化学反应速度加快，肥料容易产生结块导致其质量下降。因此，在固体水溶性肥料贮存和运输过程中应注意肥料的理化性质及其混合的相应条件，为了防止结块，我们在生产过程中应注意以下几个方面的问题。

①控制原料水分，合理配伍。首先，生产肥料通常所用的物料如铵盐、磷酸盐、微量元素盐、钾盐等，大部分都含结晶水，易吸潮结块，大量生产实践表明，固体水溶性肥料生产过程中原料的含水量应控制在 3% 以内，避免选用吸湿性强或带结晶水的原料，如硝酸铵、七水硫酸镁、七水硫酸锌等；其次，合理进行原料配伍，防止物料混合后增加其吸湿性，如磷酸盐与微量元素相遇易结块且变为不易溶于水的物质，尿素遇到微量元素类盐易析出水分而结块，主要是尿素置换出微量元素盐中的结晶水而成为浆糊状。

②目前肥料生产一般采用非密闭性生产，生产过程中的空气湿度越大，肥料越易吸潮结块，天气干燥或烘干原材料，肥料则不易结块。选择合适的生产时间，由于中国大部分地区属于北温带，雨季多集中在 6、7、8 月，温度较高的时间也集中在这个时

间，所以春季、晚秋和冬季生产肥料，结块的概率相对低一些，此时空气湿度小，温度不高，可以减少结块。

③添加一些防结块剂，如腐殖酸等一些粉末等不易结块的物质，他们在中间起到断桥作用，此外在原料混合过程中可以加入防结块剂，通常选择易于吸收空气中水分的硫酸镁等物质，也可选择表面活性剂如十二烷基硫酸钠、三聚磷酸钠等。

④要采用合理的包装，防止挤压，包装材料以防止吸潮透气为主，在运输过程和贮存中防止过高挤压，也可以有效防止结块问题。

⑤造粒技术可以防止结块，由于圆粒的粒与粒之间的接触面积小，不易结晶结块。因此，造粒也是较好的防结块方法。

(3) 沉淀问题 固体水溶性肥料产品在使用过程中，会存在各元素间的相互拮抗或与水中杂质反应产生沉淀，如锌、铜、铁、锰离子，遇到磷酸根，就会沉淀，这种沉淀是不溶于水的，钼酸铵遇到磷酸盐也会产生沉淀，这些原料是不能混在一起施用的。因此，在原料选择的过程中，应避免二价阳离子与磷酸根原料混合，而可以选用螯合态原料。此外，硬水中钙镁离子浓度较高也会引起固体水溶性肥料溶解过程中产生沉淀。因此，在喷施高端叶面肥时，则需要对灌溉水进行预处理。

液体肥贮藏过程中会存在浑浊和沉淀的问题，尤其是高浓度液体肥中更为严重。首先是由配方不合理，由元素间反应生成沉淀引起的，这种现象通过配方的合理调整是可以避免的；另一种是由于原料中杂质含量多，只能通过添加稳定剂解决。稳定剂可以是具有螯合功能的六偏磷酸钠、焦磷酸钠、柠檬酸、马来酸、乙二胺四乙酸、乙二胺四甲叉磷酸、葡萄糖酸、木质素磺酸盐等络合剂，此类络合剂一般可以络合原料中的杂质，使液体肥体系变得透明清澈。另外，还可以添加具有絮凝澄清功能的澄清剂，将液体肥体系中的杂质沉降出来，如植酸、明胶、聚乙烯吡咯烷酮、单宁、明矾、硅藻土等均可应用，通常推荐添加量为 $0.1\%\sim0.5\%$。

（4）结晶问题　结晶现象在高浓度液体肥中是比较常见的问题，也是较难解决的问题。常温状态下，在各元素的饱和溶液体系下，基本不存在结晶问题，但物质的溶解度会随着温度的变化而变化，即温度高时，通常物质的溶解度是增高的，相反的，随着温度的降低，物质会从溶液体系结晶析出；如果对体系加热，随着温度升高，结晶会再溶解。产品贮藏期间自然环境温度由高（夏季 30℃左右）至低（冬季−10℃左右）的巨大变化会影响饱和溶液体系，致使营养物质结晶析出。为了解决结晶问题，通常于液体肥中添加防结晶剂。

防结晶剂物质可以是具有降低体系冰点的多元醇类物质，如甘油、丙二醇等；也可以是具有增溶作用的有机物，增溶作用又称作加溶作用、可溶化作用，指某些物质在表面活性剂的作用下，在溶剂中的溶解度显著增加的现象具有增溶作用的表面活性剂称为增溶剂，如聚乙烯吡咯烷酮、聚乙二醇、环糊精、磺酸化物、月桂基胺盐酸盐等；还可以是具有防止结晶功能的羟基硬脂精等表面活性剂物质，具体用量需试验后调整，通常推荐添加量为 $0.5\% \sim 2\%$。

2. 水溶性肥料产品稳定性试验　水溶性肥料在生产、贮运过程中会存在吸湿、结块、胀气和结晶等诸多问题，因此在大规模生产中必须进行产品的稳定性试验。

（1）热贮试验　通常将水溶性肥料样品在典型的环境条件下保存 7 天后或在 54℃下保存 7 天后不表现出大量的结块、分解或"褐变"（或其他颜色），则表明该水溶性肥料产品性状是稳定的。"保存"通常被认为是在基本不透水的容器内保存。

（2）冷冻试验　将水溶性肥料样品在−1℃、−10℃、−20℃条件下保存 7 天（可以长期贮存进行观察）后不表现出大量的结块、分解或"褐变"（或其他颜色），则表明该水溶性肥料产品性状是稳定的。

（3）实验室加速结块试验（堆压试验）　固体水溶性肥料产

品稳定性试验通常采用如下方法，即在聚乙烯样品袋中称量约75克的样品，将样品袋贮存于设定在40℃的加热器内，放于尺寸为15×15厘米的木板上，用重约10千克的铁块压在上面，一天后检查水溶肥的结块和其他可见的方面（结块、变色或原组合物相比可见的外观变化）。当袋子中约75克的固体水溶性肥料原料表现出明显的结块或失去其原有的流动性时，则表明大量结块。

固体水溶性肥料的结块试验通常采用堆包试验。堆包试验所用包装袋的规格和材料应符合要求和防湿，堆包试验因试验的对象是肥料而不是包装袋，所以其不仅针对袋装贮存，而且结果还可应用于散装贮存。堆包试验通常分为大包法和小包试验法。

美国肥料发展中心推荐的大包法的实验步骤如下：

采用25千克的肥料包，包装材料是0.18～0.20毫米厚的聚乙烯单层膜，密封防水；第一至五包肥料整齐地堆叠在同一木板上，然后于上方堆叠10包45千克的沙袋，使底包的压力为24.5～27.5千帕，相当于20包堆叠的肥料包；试验场所模拟敞开厂仓库条件，在第一、三、六、九、十二个月进行检查，如果第一个月检查发现有结块现象，那么继续堆置会出现更严重的结块，如果第一个月未有结块，继续堆置也未必不发生结块。

对于防结块效果的检查方法如下：

用手按压包装袋外面，记录其软硬性，无变化为［O］，轻度变硬为［L］，中等变硬为［M］，很硬为［H］，然后与空白样进行比较，得到结块程度的直感信息；若用手按压包装袋外面结块为中等硬度以上，则用摔包法测试，即模拟一般的装卸操作，把试验的固体水溶性肥料包侧面向下从1.0米高处掷落在水泥地上，然后打开固体水溶性肥料包全部过筛，测定大于1.3厘米的团块重量百分比，然后与空白样对比；团块硬度可用手捻搓来确定，分为三档，即轻度［L］，中等［M］，很硬［H］；对散装存放的试验样品，可用针入度法测量其吸湿结块强度，即用针入度计在相同质量、相同高度自由落下，根据针入深度确定散装存放的吸湿结块度，并与空白对比；堆包试验结果记录包括固体水溶性肥料包的软硬性、团块量、团块硬度。

大堆包试验最直观且不需特殊设备，但其缺点是：①试验消耗的时间长，不能用作生产控制测定；②需要较多的肥料试验和较大的试验场地；③在堆包和中间检查过程耗费较大劳力。

小包试验则不需要大量试样肥料，包装袋规格为 12 厘米×7 厘米×25 厘米，每袋装 1.4 千克，材料与大包试验所用一致。整齐堆叠 5～10 包，上面压 59 千克的铁块，底包的压力相当于 27.5 千帕。检查周期和检查方法与大包试验一样，但掷落操作由一次改为二次，试验结果基本与大包试验相符合。由于试验规模小，所以可在控制温度调节下进行试验，温度控制在 32℃ 左右，以使结块趋势稍稍加快。

四、产品包装、贮存及运输

1. 产品的包装　固体水溶性肥料在包装环节，需考虑包装材料的密封性，防止产品在贮存过程中吸潮。目前市场上流通的固体水溶性肥料产品多以小包装为主，产品的包装规格种类繁多，主要有 500 克/袋、1 千克/袋、2 千克/袋、4 千克/袋、5 千克/袋、10 千克/袋、20 千克/袋、25 千克/袋等，且包装通常采用复合 PE、镀铝 PET 包装等。液体肥料的包装一般采用瓶装或袋装，外包装材料应选用保证产品在正常的贮存运输中不破损、内部物质不受破坏的材料。内包装应坚固耐用，不与肥料发生化学反应，不溶胀，不渗漏，不影响产品质量。包装规格是根据实际生产中种植者的使用习惯（施用器具、施用量、施用面积等）设定的，常见的有：200 毫升、500 毫升、1 升通常选用 PE、PET 材质的不透明塑料瓶包装，5 升的一般选用 PE 的塑料桶包装，采用铝箔密封口；20～40 毫升袋装产品一般选择用铝箔袋；针对氨基酸类产品可能存在的胀气现象，通常采用瓶盖留有气孔，内加透气垫片，可有效解决此类问题；25 千克产品一般采用 HDPE 桶装；另外，为了防止包装瓶吸气，外观受影响，在生产过程中，应控制产品灌装时的温度。

液体肥料由于不同的产品要求的酸碱度不同，针对弱酸或弱碱的液体肥料采用不同的包装材料时，需做严格的耐腐蚀稳定性试验，可参考高温热贮试验方法进行稳定性试验测试，观察包材的外形变化，有无渗漏现象等。如某些弱酸性液体肥不可用铝瓶包装，防止发生化学反应产生气体；某些易发生氧化还原或者用色素调节颜色的液体肥不可用透明瓶包装，防止产品褪色或发生质变等。

2. 产品的贮存及运输　固体水溶性肥料在贮存和运输过程中应保持干燥条件、避光贮存，避免堆高重压，为防止堆高重压，对小包装也有采用箱式封装可以避免直接的重力堆压，减轻肥料的结块。

液体肥料的贮存多采用容器法。贮存容器的大小、形状差别很大，液体肥料原液贮存容器有玻璃钢罐、陶瓷罐、大塑料罐等，贮存场所应在通风、干燥的室内仓库中。液体肥料以包装成品在运输和贮存过程要注意防晒防潮防冻，高含量的液体肥通常是饱和或过饱和溶液，如遇极端低温天气，会造成盐结晶析出，影响产品性状；由发酵工艺生产的氨基酸类产品，要尽量避免高温条件存放，防止体系中微生物继续发酵繁殖，产生代谢产物，影响产品外观。若以包装件存放时，必须加苫布，远离火源。在装卸运输过程中，要轻拿轻放，不能倒置。

【参考文献】

白忠，华玲，毛德发 . 2008. 我国微灌器材生产与微灌技术发展回顾 . 节水灌溉（3）：57-60.

陈清 . 2012. 常规复合肥生产企业如何发展水溶肥产品 . 北京：中国农业大

学资源与环境学院．

李代红，傅送保，操斌．2012．水溶性肥料的应用与发展．现代化工（7）：
12-15．

李树亮，梁斌，李俊良，等．2014．微喷灌施用专用水溶肥在幼龄茶树上的
试验研究．中国农学通报，30（25）：252-256．

李燕婷，肖艳，赵秉强，等．2009．作物叶面施肥技术与应用．北京：科学
出版社．

汪家铭．2011．水溶性肥发展现状及前景．上海化工，12：27．

汪玲．2013．中国水溶肥市场现状及展望．北京：中国国际水溶性肥料会议
及展览．

王仁法．2001．微灌技术在我国的应用．塑料，30（2）：13-16．

王正银．2011．肥料研制与加工．北京：中国农业大学出版社：154．

张承林，胡克纬．2012．水溶性复混肥料常见技术问题探讨．广州：华南农
业大学．

赵伟霞，李久生，栗岩峰．2012．考虑喷灌田间小气候变化作用确定灌水技
术参数方法．中国生态农业学报，20（9）：1 166-1 172．

[第七章]
微灌施肥技术

第一节　微灌施肥一般性原则

　　微灌施肥是指通过灌溉系统，将化肥溶液与灌溉水一同提供至作物根区土壤的技术。从作物对养分的利用过程可知，适宜的土壤水分含量对施肥效果影响很大，只有保持水肥平衡，才能提高作物对养分的吸收利用率，充分发挥肥效，达到增产目的。将施肥与灌溉结合起来，可以在作物根区土壤空间内保持最佳的水、肥含量，保证作物在最有利的条件下吸收利用养分，从而使不同种类的作物在不同的土壤条件下都能获得高产并提高产品品质。因此，微灌施肥开辟了一个控制养分可利用程度的新方法。一般而言，微灌施肥需控制掌握如下基本原则。

一、化肥的特性及选择

　　在选择化肥之前，首先应对灌溉水中的化学成分和水的 pH 有所了解，某些化肥可改变水的 pH。如尿素、硝酸铵、硫酸铵、磷酸铵、磷酸盐等将降低水的 pH；而硝酸钾将会使水的 pH 值增加。当水源中含有不可溶的碳酸钙、碳酸镁时，灌溉水 pH 的增加可能引起其沉淀，从而使滴头堵塞。

　　为合理正确地运用微灌施肥技术，必须掌握化肥的物理化学性质。用于微灌施肥特别是在滴灌系统中应用时，化肥应有的特性：①高度可溶；②较低或中等的 pH；③没有钙、镁、碳酸氢盐或其他可能形成不可溶盐的离子；④微量元素应当是螯合物形式的，而不是以离子形式出现。下面介绍常用化肥的一些特点。

1. 氮肥　化肥中的氮以三种形式出现：硝酸根（NO_3^-）、铵根（NH_4^+）、尿素 [$CO(NH_2)_2$]。对大部分作物而言，以硝酸根形式提供的氮可利用程度最高。硝酸根离子很容易随水一道流向湿润土壤的周边，因此可能被淋洗到深层土壤。硝酸铵和硝酸钾都能通过灌溉系统而被利用。当灌溉水中碳酸氢盐的水平低时，硝酸钙也可能经灌溉系统而被利用。另外，铵根离子在重质土壤中不会被淋洗，但这些铵根离子只有在硝化过程中被利用成硝酸根离子之后才可能被作物利用，否则，一些作物无法吸收。硫酸铵可以经灌溉系统施用。无水铵、液铵和磷酸铵在大多数情况下都会引起堵塞问题。尿素是一种有机肥，以分子形式出现，常在氨化过程中转化成氨离子后被作物吸收。

2. 磷肥　化肥中的磷以三种形式存在：正磷酸盐离子（PO_4^{3-}）、焦磷酸盐离子（$P_2O_7^{4-}$）和聚磷酸盐离子（PO_3^-）。在碱性土壤中，磷的主要可溶形式是（HPO_4^{2-}）。当土壤的 pH 高于 7 时，磷的主要可溶形式是 $H_2PO_4^-$。磷肥趋向于产生带有钙、镁和其他阳离子的混合物，这些化合物可能造成滴灌系统的堵塞问题。被作物根系吸收的全部磷素基本上是这两种形式之一。磷酸盐在大多数土壤中并不移动。在沙性土壤条件下使用滴灌系统时，实际上已经限制了磷的移动。土壤中的焦磷酸盐和过磷酸盐可经水解作用而成为正磷酸盐。

上述问题使磷肥在施用当季效率很低。以化合物形式存在的大部分磷肥不能用于滴灌系统，有些可以应用也只能以很低的浓度使用。磷酸可通过灌溉系统而被利用。除作为肥料外，因可降低水的 pH，它还可作为系统清洗剂，通过溶解化学沉淀物而使系统保持清洁。磷酸铵也能以低浓度用于灌溉系统的微灌施肥。对有机磷而言，除非其化合物被水溶解成无机磷或水的 pH 较高时，一般不产生沉淀。

3. 钾肥 钾肥以离子态出现能被植物吸收。钾肥在土壤中趋向于被土壤胶体以可交换状态吸附，或在固定化过程中被转换。在滴灌系统特别在沙性土壤条件下，这种阳离子可能被淋洗到湿润区的边缘。大多数情况下，钾肥在滴灌系统中，不会产生沉积。但硫酸钾（K_2SO_4）相对而言溶解度较低。

4. 微量元素 当微量元素以离子态用于灌溉系统中的微灌施肥时，容易被土壤所固定，不能被作物有效地利用。铁、锌、铜和锰还具有同灌溉水和沉积物中的盐再次反应的可能性。微量元素适宜以螯合物形式，经灌溉系统利用，大部分常见的螯合物肥料是铁和锌的螯合物，螯合物在酸环境下会分解，因此，不宜与酸性肥料混合使用，否则会降低养分的效用。

在灌溉系统中进行微灌施肥作业时，所添加的化肥会对水的pH产生影响，pH过高或过低，都会对系统或土壤、作物带来影响。当灌溉水的pH高于5时，因碳酸钙、碳酸镁等易沉积在管道中而造成堵塞问题；pH过低时，可能造成根部表皮的损害和土壤溶液中铝、锰浓度增加，甚至产生毒害作用。

二、微灌施肥制度制定

研究表明，采用较高的施肥频率有利于提高产量和改善品质，也可避免由于一次大量施氮造成的硝态氮淋失。对于大多数作物来说，较适宜的施肥频率为1周左右一次，施肥频率确定后，即可根据作物的养分需求规律拟定灌溉施肥制度。

对微灌系统来说，为了防止施肥造成灌水器堵塞和管网腐蚀，在施肥结束后还需要及时用清水冲洗。对作物生产、产量、品质及氮素残留的模拟和试验结果大多推荐采用1/4—1/2—1/4的运行程序，即在灌溉施肥的前1/4时段灌清水，使系统运行稳定，接下来的1/2时段施肥，最后的1/4时间用来冲洗管网。

微灌施肥养分监测 微灌系统可以根据作物需求精确供给养

分，这就要求在生育期内监测作物和土壤的养分状况，以便确定施肥种类、施肥量和施肥时间。微灌施肥条件下，养分监测的对象一般包括土壤样品、土壤溶液、作物组织和液流、灌溉水等。

（1）土壤样品测试　土壤样品可在实验室测试，也可在田间测试。可测试的指标包括：pH、电导率（EC）、阳离子交换能力、元素含量、有机质等。不同作物的养分需求不同，因此提出一个适用于每一种作物的绝对量化的标准是不可能的。此外，除养分以外的其他因素，如 pH、土壤透气性、土壤类型、微生物活性、温度也影响着作物对养分吸收的有效性。表 7-1 给出了判断土壤养分是否亏缺的参考指标。

有时需要计算土样的钙与镁的比例。如果这一比例下降到 2∶1 以下，则作物生长会受到影响。对马铃薯种植尤其如此，作物中钙的水平低会导致开花腐败。一般而言，适宜的土壤钙与镁的比例至少为 5∶1。

表 7-1　土壤养分亏缺指标

土壤养分指标	参考标准
NO_3-N	＜10 毫克/千克时亏缺，＞20 毫克/千克时充足
Ca	Ca 应占阳离子交换能力（CEC）的 65%～75%，如果 Ca/Mg＜2/1，可能出现 Ca 亏缺
Mg	Mg 应占阳离子交换能力（CEC）的 10%～15%，如果 Ca/Mg＞20/1，可能出现 Mg 亏缺
K	K 应占阳离子交换能力（CEC）的 2.5%～7%

（2）土壤溶液测试　在生育期内，可利用土壤溶液提取器每隔一段时间提取一次土壤溶液以检测有效成分，可检测指标包括各养分含量、pH、电导率等；根据土壤溶液检测结果，可以利用滴灌施肥小剂量施入养分来迅速满足作物需要。

最常见的是用土壤溶液测试检测土壤中氮是否充足,一般认为土壤溶液硝态氮（NO_3-N）浓度超过 50~75 毫克/升意味着对大多数作物的前半生育期（此时作物吸氮少,土壤中残留的氮多）来说氮是充足的。

土壤溶液养分检测对减少施氮量和最大限度地利用残留氮十分有益,因此,土壤溶液浓度可以精确地告诉种植者多少氮已经转化,多少氮还保留在土壤溶液中。例如,如果土壤溶液中氮的含量为 25 毫克/升,而作物需要土壤溶液的含氮量为 50 毫克/升,那么在土壤溶液中需要加入 25 毫克/升的氮。

通过土壤溶液测试进行养分管理时,应注意土壤溶液中 NO_3^- 的减少并不意味着作物的吸收;相反,这种结果也可能是过量灌溉或灌水均匀度低造成养分淋失。此外,土壤溶液测试结果与提取器埋置深度及其与灌水器和湿润土体边缘的相对位置有密切关系,因为滴灌施肥时硝态氮会向湿润体边缘累积。

微灌施肥,尤其是设施蔬菜微灌施肥过程中的灌溉和肥料合理利用制度的制定将在本章第二节和第三节中具体介绍。

第二节　设施蔬菜微灌施肥中灌溉制度

提高灌溉施肥效果和水肥利用效率,首先要制定合理的灌溉制度。决定灌溉制度的因素主要包括土壤质地、田间持水量、作物需水特性、作物根系分布、土壤含水量、微灌设备每小时的出水量、降水情况、温度、设施条件和农业技术措施等。灌溉制度包括作物生育期的灌水定额、灌水间隔时间、灌水次数等。

一、灌水定额

灌水定额是指单位灌溉面积上的一次灌水量,是依据土壤持水能力和灌溉水资源量确定的单次灌溉量。在灌溉水资源充足情形下的灌水定额决定于土壤持水能力,为最大灌水定额,计算公式为：

$$I = H \times (W_1 - W_2) \times R / \eta$$

式中：I 为灌水定额（毫米）；

H 为计划湿润深度（毫米），一般情况下草坪为 200 毫米，蔬菜、农作物为 300 毫米，果树为 400～800 毫米；

W_1 为田间持水量（容积含水量，%）；

W_2 为实际含水量（容积含水量，%）；

R 为湿润比，指微灌计划湿润的土壤体积占灌溉计划湿润层总土壤体积的百分比，常以地面以下 20～30 厘米处的湿润面积占总灌水面积的百分比表示，不同微灌施肥模式和作物湿润比不同，具体见表 7-2；

η 为灌溉水利用系数，微灌系统一般取 0.95～0.98。

表 7-2　微灌设计土壤湿润比（%）

作物	滴灌	微喷灌
果树、乔木	25～40	40～60
葡萄、瓜类	30～50	40～70
草、灌木	—	100
蔬菜	60～90	70～100
粮、棉、油等作物	60～90	—

注：干旱地区宜取上值。

灌溉量若小于最大灌水定额计算值，则灌溉深度不够，既不利于深层根系的生长发育，又将增加灌溉次数。灌溉量若大于此计算值，则将出现深层渗漏或地表径流损失。当实际含水量为凋萎系数时，最大灌水定额则成为极端灌水定额。不同土壤田间持水量和萎蔫系数见表 7-3。

表 7-3 不同质地土壤萎蔫系数和田间持水量（体积含水量，%）

质地	紧沙土	沙壤土	轻壤土	中壤土	重壤土	轻黏土	中黏土	重黏土
凋萎系数	—	5～9	6～12	8～15	9～18	20	17～24	—
田间持水量	26～32	32～42	30～36	30～35	32～42	40～45	35～45	40～50

二、灌水周期

灌水周期是指在设计条件下，能满足作物需要的两次灌水之间的最长时间间隔。应根据作物种类、土壤类别及湿润层深度等因素确定，一般为 5～7 天。设计灌水周期可按下式计算：

$$T = I \times \eta / W$$

式中：T 为灌水周期（天）；

I 为灌水定额（毫米）；

W 为作物需水强度（毫米/天）；

η 为灌溉水利用系数，取 0.95～0.98。

微灌条件下每次灌水定额小于地面大水漫灌，故微灌时间间隔相对于漫灌来说要短。当作物确定之后，不同质地土壤上要想获得相同的产量，总的耗水量相差不大，由于沙土田间持水量小，所以灌溉周期应该是黏土最大，壤土次之，沙土最小（图 7-1）。

不同作物和同一作物不同生育阶段需水量不同，灌水时间间隔需据作物生育期的需水特性计算。灌水时间间隔还受气候条件的影响，如露地栽培受自然降水的影响。设施栽培受到气温的影响较大，低温时，作物耗水强度下降，灌水间隔可适当延长；高温时，作物耗水强度增加，灌水间隔缩短。因此，在实际生产中需要根据作物、气候和土壤确定灌溉时间间隔。

在露地栽培条件下，降雨直接影响灌水次数，应根据墒情监测结果确定灌水的时间和次数。与露地相比，由于设施栽培不受自然降水的影响，在薄膜覆盖下，形成了温度高、耗水量大的环

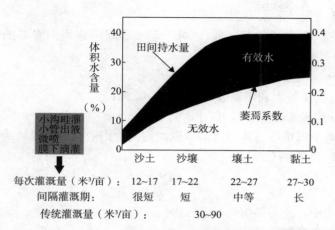

图 7-1　不同质地土壤的有效水和无效水的变化范围及灌溉定额和间隔

境。单株番茄、黄瓜在盛花、盛果期，日耗水量在 1.5～2.0 千克，以每亩种植 3 500 株计，每亩日耗水量可达 5～7 吨。因此，设施蔬菜进行节水灌溉时主要考虑水分利用率，不同灌水量对蔬菜生长发育的影响，以确定在不同生长季节的各项灌水参数。

三、灌水次数

灌水次数决定于灌水周期和作物的生育期。使用微灌施肥技术，经常采取少灌勤灌的灌水方式，因而作物全生育期（或全年）的灌水次数比传统的地面灌溉多。我国北方设施蔬菜通常每年灌水 20～30 次。在水源不足的山区只能依水源情况而定，一般只灌关键水，可能每年只灌 3～5 次。

在单条毛管直线布置，灌水器间距均匀，持续灌溉情况下每次灌水时间由下式确定。

$$t = \frac{I S_{\mathrm{e}} S_{\mathrm{L}}}{\eta q}$$

式中：t 为一次灌水延续时间（小时）；

I 为设计灌水定额（毫米）；

S_e 为灌水器间距（米），对于灌水器间距非均匀安装的情况下，可取灌水器的平均间距；

S_L 为灌水器行距（米）；

η 为田间水利用系数，$\eta = 0.9 \sim 0.95$；

q 为灌水器流量（升/小时）。

对于以单株树体为浇灌单位的情况，则应以单株果树为计算单位，公式如下：

$$t = \frac{IS_rS_t}{\eta q}$$

式中：S_r 为果树的行距（米）；

S_t 为果树的株距（米）；

其他同上式。

灌溉制度的制定一般是以正常年份的降水量为依据的。在生产中，灌水次数、灌水日期和灌水定额需要根据当年的降水和作物生长情况进行适当调整。土壤中的水分状况由于受到各种因素的影响，往往不能与作物生长发育需水规律相适应，因此，在作物的栽培管理中，就要求根据气候、土壤水分及作物需水规律，采取综合水分管理，建立最优化的合理灌溉制度。

第三节　设施蔬菜微灌施肥中
肥料合理施用

设施蔬菜品种多样、复种指数高、产量大、需肥量较大、有"万斤菜万斤肥"之说。对养分的吸收除了氮、磷、钾外，还需要各种丰富的矿质养分，特别是钙、硼等元素。蔬菜根系浅但对土壤养分的吸收能力强，要求整个生育期内土壤都能保持较强的养分供应强度，但要防止灌水过量，使硝酸盐淋失到根层以下。因此，在施肥上要考虑到蔬菜本身的特点。

一、设施蔬菜微灌施肥中肥料的合理选择

1. 设施蔬菜微灌施肥中肥料的种类 目前市场上适用于微灌施肥的肥料按剂型有固体和液体水溶性肥两种类型，一般固体优于液体。固体又分颗粒状和粉状两种，颗粒状的要优于粉状的，因为颗粒状经过特殊工艺加工而成，具有施用方便，干燥度高，易于保存的优点。水溶性肥料目前没有国家标准，2010年农业部更新公布了4种水溶性肥料的农业行业标准，分别为大量元素水溶性肥料（NY 1107—2010）、微量元素水溶性肥料（NY 1428—2010）、含氨基酸水溶性肥料（NY 1429—2010）、含腐殖酸水溶性肥料（NY 1106—2010），2012年农业部颁布农用中量元素水溶性肥行业标准，中量元素水溶性肥料（NY 2266—2012）。科学开发和推广水溶性肥料是满足现代农业种植生产标准化的需要，是保证农产品高产优质高效的需要，是精确化管理养分资源和水分资源的需要，在减少劳动力等方面起着重要作用。我国当前市场上常见的水溶性肥料如表7-4所示。

表7-4 我国农资市场主要水溶性肥料种类

肥料类型	肥料品种
传统大量元素	磷酸二氢钾、颗粒尿素、硝酸钾等
硼	硼酸、硼砂、八硼酸钠、八硼酸钾
铁	硫酸亚铁、螯合铁（Fe-EDDHA、Fe-EDTA、Fe-FA、Fe-An）
锰	硫酸锰、硝酸锰、氧化锰、螯合锰（Mn-EDTA等）
铜	硫酸铜、硝酸铜、螯合铜等
锌	硫酸锌、硝酸锌、氧化锌（悬浮锌）、螯合锌
钼	钼酸铵、钼酸钠、液体钼肥
钙	硝酸钙、氧化钙、螯合钙（柠檬酸、氨基酸、糖醇、ED-TA等）

（续）

肥料类型	肥料品种
镁	硫酸镁、氧化镁、螯合镁等
硅	硅酸钾、硅酸钠、液体硅
大量元素水溶肥料	含氮、磷、钾两种或两种元素以上
微量元素水溶肥料	含铁、锰、铜、锌、硼、钼两种或两种元素以上
中量元素水溶性肥	以中量元素钙、镁为主体
含氨基酸水溶肥料	以游离氨基酸为主体的，添加大、中、微量元素
含腐殖酸水溶肥料	以适合植物生长所需比例的矿物质源腐殖酸，添加大、中、微量元素
其他新型产品	含海藻类、糖醇螯合类以及各种新型单一元素叶面肥料等

2. 设施蔬菜微灌施肥中肥料的合理选择 微灌施肥的肥料是以肥料溶液进入微灌系统并施用于作物根区土壤的，所以必须具备以下主要特点。

(1) 养分浓度较高且完全溶解 用于微灌施肥的肥料应该是水不溶物少，溶解度高（溶解速度和水温度）的，只有能完全溶解于所用的灌溉水，才会防止微灌系统堵塞和确保养分浓度和施肥量。有的农户在水缸中溶化复合肥作微灌施肥的肥料，也要做到肥料溶解后无残留，如有少量添加物，则必须能在容器中完全沉淀，否则也会造成灌水器堵塞。一些微灌施肥的常用肥料及其特点列于表7-5。

表7-5　微灌施肥的肥料及其溶解性

肥料	化学分子式	养分含量 (N-P$_2$O$_5$-K$_2$O)	每百克水 溶解度（克）
氮肥			
尿素	$CO(NH_2)_2$	46-0-0	100
硝酸铵	NH_4NO_3	34-0-0	18.3 (0℃)
硝酸钾	KNO_3	13-0-44	13.3 (0℃)
硫酸铵	$(NH_4)_2SO_4$	21-0-0	70.6 (0℃)

（续）

肥料	化学分子式	养分含量 (N-P$_2$O$_5$-K$_2$O)	每百克水溶解度（克）
硫代硫酸铵	(NH4)$_2$S$_2$O$_3$	12-0-0	很高
尿素硝酸铵	CO (NH$_2$)$_2$ · NH$_4$NO$_3$	32-0-0	高
硫酸尿素	CO (NH$_2$)$_2$ · H$_2$SO$_4$	28-0-0	高
硝酸钙	Ca (NO$_3$)$_2$	15-0-0	121.2（16.7℃）
磷肥			
磷酸（绿色）	H$_3$PO$_4$	0-52-0	45.7
磷酸（白色）	H$_3$PO$_4$	0-54-0	45.7
过磷酸铵	(NH4)$_5$P$_3$O$_{10}$及其他	10-34-0	高
过磷酸铵	(NH4)$_7$P$_5$O$_{16}$及其他	11-37-0	高
磷酸一铵	NH$_4$H$_2$PO$_4$	12-61-0	
磷酸二氢钾	KH$_2$PO$_4$	0-52-34	33
聚磷酸铵	(NH$_4$PO$_3$)$_n$		
钾肥			
氯化钾	KCl	0-0-60	34.7（20℃）
硫酸钾	K$_2$SO$_4$	0-0-50	12（25℃）
硫代硫酸钾	K$_2$S$_2$O$_3$	0-0-25-17（S）	150
微肥			
硼酸	H$_3$BO$_3$	17.5%（B）	6.35（30℃）
硼砂	Na$_2$B$_4$O$_7$ · 10H$_2$O	11%（B）	2.10（0℃）
硫酸铜（酸化）	CuSO$_4$ · 5H$_2$O	25%（Cu）	31.6（0℃）
氯化铜（酸化）	CuCl$_2$		71（0℃）
硫酸锰（酸化）	MnSO$_4$ · 4H$_2$O	27%（Mn）	105.3（0℃）
硫酸镁	MgSO$_4$ · 7H$_2$O	9.67%（Mg）	71（20℃）
硫酸锌	ZnSO$_4$ · 7H$_2$O	36%（Zn）	96.5（20℃）
钼酸铵	(NH$_4$)$_6$MoO$_{24}$ · 4H$_2$O	54%（Mo）	43
锌螯合物		5%～14%（Zn）	易溶
锰螯合物		5%～12%（Mn）	易溶
铁螯合物		4%～14%（Fe）	易溶
铜螯合物		5%～14%（Cu）	易溶

（2）能使溶液保持中性至微酸性　中性至微酸性是使肥料能够溶解和不发生沉淀的必要条件。要注意化肥对溶液 pH 的影响：如硝酸铵、硫酸铵、磷酸一铵、磷酸二氢钾、磷酸等能降低溶液 pH，而在水中加入钙、镁离子和碳酸根离子肥料则可能增加溶液 pH。为慎重起见，可先用 pH 试纸检测一下。

（3）不会与灌水或其他肥料发生沉淀反应　为防止发生碳酸钙、碳酸镁等沉淀，需要考虑到灌溉水质特点。北方水源的水 pH 和钙离子、碳酸氢根离子含量较高，容易形成沉淀；金属微量元素肥料最好采用螯合物形态。

肥料混合时必须遵循以下基本原则：①物料加入有序，先将需水总量的 50%～70%加入混合肥料的容器内，如有液体肥料接着加入，要先加液体肥料再加固体肥料，最后，将其余的水全部加入。这样做有利于肥料溶解。先加液体肥料还可以缓解固体肥料溶解的降温效应。②化学品先加入水，一定要将调节溶液所用的酸和消毒所用的氯气等化学药品先加入水，而不要将水加入酸中或氯中，否则会产生严重的安全问题。③不要将一种高浓度肥料溶液与另一种高浓度肥料溶液直接混合，否则会发生沉淀或其他不良反应，也不要将无水氨或氨水与酸混合，因为它们之间会发生剧烈反应。④防止发生沉淀，注意水质和肥料特点，防止混合后发生沉淀反应。例如，北方水源的水含钙量较高，加入硫酸铵后容易形成石膏结晶，堵塞滴头或过滤器。⑤注意肥料相容性，肥料相容性是指肥料混合后施肥会因相互作用而改变肥料溶液的养分浓度、pH 和发生沉淀等，如钙、镁、铁、锌等金属离子与磷酸根离子和硫酸根离子结合就会形成沉淀物。对于混合后会产生沉淀的肥料应采用分别单独注入的办法来解决。肥料之间的相容性可参照表 7-6。⑥进行小剂量测试，在批量配制肥料溶液前最好先用较小容器预试一下肥料的溶解性、水肥之间的相互作用和溶液的 pH。此点对三元复合肥、有机肥或其他不熟悉的肥料尤其重要。

表 7-6　不同肥料之间相配的相容性

	硝酸铵 NH_4NO_3	尿素 $CO(NH_2)_2$	硫酸铵 $(NH_4)_2SO_4$	磷酸一铵 $NH_4H_2PO_4$	氯化钾 KCl	硝酸钾 KNO_3
尿素 $CO(NH_2)_2$	√					
硫酸铵 $(NH_4)_2SO_4$	√	√				
磷酸一铵 $NH_4H_2PO_4$	√	√	√			
氯化钾 KCl	√	√	×	√		
硝酸钾 KNO_3	√	√	√	√		
硝酸钙 $Ca(NO_3)_2$	√	√	×	×	√	

（4）不腐蚀设备材料　在微灌施肥系统中，有些肥料与设备材料长期接触后会对不同设备材料产生不同的腐蚀作用。从表7-7可知，磷酸对各种设备材料除塑料外，都有不同程度的腐蚀作用。在各种设备材料中以塑料和不锈钢最耐腐蚀，但不锈钢成本较高，塑料易于老化，要酌情选用。

表 7-7　肥料对设备材料的腐蚀性

肥料（溶液 pH）	镀锌铁	铝板	不锈钢	青铜	黄铜	塑料
硝酸钙（5.6）	中等	无	无	轻度	轻度	无
硫酸铵（5.0）	严重	轻度	无	明显	中等	无
硝酸铵（5.9）	严重	轻度	无	明显	明显	无
尿素（7.6）	轻度	无	无	无	无	无
磷酸（0.4）	严重	中等	轻度	中等	中等	无
磷酸二铵（8.0）	轻度	中等	无	严重	严重	无

二、设施蔬菜微灌施肥制度技术要点

1. **施肥量因产量而异**　目标产量越高施肥量越大。

2. **常规与微灌相结合**　要将定植前的施基肥、地面灌水与定植后的微灌施肥相结合。其中基肥施用量和施肥方法及灌水可参照常规施肥和灌水，但要提高整地和施肥、灌水质量。由于微灌施肥提高了追肥的磷、钾施用量，基肥中的磷、钾肥可适当减少；反之，为提高肥料溶解性，选用高氮钾型三元复合肥作滴灌肥料后，基肥中的磷肥可适当增加。通过微灌施肥，在作物生育期内适量提高磷、钾养分供应量，这是微灌施肥的优点。

3. 控制好出水口滴灌肥料浓度　滴头或灌水器灌水的肥料浓度过高，就像盐碱地一样会伤害作物，但过低则会降低工作效率或增加灌水量。适宜肥料浓度因作物和生育期而异，浓度大小可用袖珍电导仪测定电导率得知。对蔬菜来说，生长前期的灌水电导率一般不超过 1 毫西门子，生长后期不大于 3 毫西门子。电导率和养分浓度的大致换算关系是：1 毫西门子＝640 毫克/千克＝0.064％。

对未知肥料需做试验，一般浓度可控制在 0.1％ 以下，实践无害后再适当提高浓度。因为化肥多为盐类，在土壤中当盐分含量超过 0.1％（1 000 毫克/千克）时就开始对作物生长有抑制作用，当超过 0.3％（3 000 毫克/千克）时就会对作物生长产生危害。

4. 保证每个生育期的灌水量和施肥量　生产上可以借助于仪器仪表对每一次的灌水量和施肥量进行准确调控。土壤养分状况分析目前多用电导仪（EC 计）来快速实时测定土壤溶液中的 EC 值；推算土壤中氮肥含量或专用的能同时测定硝酸根（NO_3^-）和钾离子（K^+）的速测仪检测；土壤水分常用张力计或 TDR 土壤水分仪测定，每隔一到两周测定一次。对于缺乏这些条件的个体农户，只要坚持做到将化肥浓度控制在安全浓度以下（一般苗期不超过 0.07％，后期不超过 0.2％），灌水深度控制在根层范围内，做到土不干燥、水不渗漏，并完成每个生育期的灌水量、施肥量即可，具体的灌水和施肥次数可以灵活掌握。如果能做到施肥前后分别滴灌一些清水（不加肥料的水）效果就更好。

5. 慎用含氯、含硫酸根和铵态氮化肥　在温室、大棚或封闭管理条件下，要慎用或不用含氯、含硫酸根的化肥和铵态氮肥，以防加重土壤盐渍化或造成氨挥发伤苗。根据作物需求适时适量的供应养分，在接近收获时可实施停止供给液肥仅供给水分，且少量多次滴灌，使根系生长限制在表土下约25厘米范围，排除了地下水通过毛管上升积累盐分等的不良影响，从而使供给的养分充分地被作物吸收利用，达到最大限度的无残留、无流失，使得土壤盐类积累与土传病虫害不易发生，防止了连作障碍的产生。

6. 水溶性肥料施用注意事项　少量多次，每次每亩水溶性肥料用量在3～6千克/亩。养分平衡微喷灌施肥条件下，根系生长密集、量大，对土壤养分供应依赖性减小，更多依赖于微喷灌提供的养分，因此，对养分的合理比例和浓度有更高的要求。

第四节　设施蔬菜微灌施肥新技术应用

我国设施蔬菜生产具有"高投入，高产出"的特点，在实际生产中，农民投入的肥料量远远超过了作物的需求量，从全国典型的设施蔬菜种植区域来看，氮肥当季利用率普遍低于10%。过量肥料投入所导致的环境污染、土壤质量退化等一系列后果也越来越严重。不仅肥料投入量过大，在我国设施蔬菜产区也普遍存在过量灌溉的问题。过量灌溉不仅导致环境污染风险增加，而且也给植物生长带来不利影响。近年来，蔬菜主产区地下水硝酸盐超标率逐年递增的报道屡见不鲜，地下水污染已严重威胁人类的健康。因而发展农业节水节肥新技术，提高农业节水节肥效率成为了当务之急。近年来，国内外推广应用的设施蔬菜微灌施肥新技术主要有渗灌、加氧灌溉及气雾栽培等。

一、渗灌技术

1. 概念　渗灌是一种地下微灌形式，在低压条件下，它通过埋入地下的透水管道（渗灌管）使水渗入土层，根据作物的生长需水量定时定量地向土壤中渗水供给作物吸收利用。

2. 渗灌技术优缺点　　渗灌具有其他灌溉方式无可比拟的优点，与其他生产方式相比更适合于设施农业。目前，渗灌的这些优点在设施农业生产中已逐渐显现出来。主要表现在以下几个方面。

(1) 节约用水，减少肥料用量　　由于渗灌是一种地下灌溉方式，灌水后土壤表层保持干燥，株间蒸发减少；同时通过控制灌水量，也可以有效减少深层渗漏。所以，渗灌较其他灌水方式节水。鱼宏刚等报导，渗灌比漫灌节水 70%，比滴灌节水 20%。另外，通过渗灌系统将农药、化肥溶于灌溉用水，随水施用，可直接将农药和化肥送于作物根部，减少了农药、化肥的挥发与淋失，提高了农药、化肥的利用率，与常规施用方法相比一般可节省农药、化肥 30%。

(2) 节省能源、土地和劳动力　　渗灌属于低压灌溉，灌水压力一般为 5.88～29.42 千帕，所以渗灌较喷灌、微喷等灌水方式节能。渗灌与地面灌相比，灌溉时不用在田间开沟整畦，取消了田间所有的渠道，节约了耕地，渗灌一般比地面灌溉节省土地 3%～5%。另外，渗灌不仅省去了施用化肥和农药的用工，而且还能有效地抑制地面杂草的生长，可减少除草用工。

(3) 降低棚内湿度，减少蔬菜病害　　当用于棚室灌溉时，由于渗灌只湿润作物根部，表土干燥，从而减少了地表土壤的蒸发，降低了棚室内空气的相对湿度。

据测定，渗灌大棚内的空气相对湿度一般在 60% 左右，最大不超过 83%，比目前普遍采用的膜下灌低 10% 以上，比畦灌低 25% 左右。因此，与地面灌溉相比，采用渗灌的大棚可使蔬菜发病率降低 50%～80%。

(4) 改善土壤环境，加速作物生长　　由于渗灌灌水时出流均匀而缓慢，灌溉用水主要借助于土壤基质产生的毛管作用湿润土壤，所以，灌水后不会破坏土壤结构，保证了田间土壤水、气、热等因子的协调，有利于作物根系生长。研究表明渗灌可使温室番茄根系发达，与沟灌相比，根系平均增长 10～30 厘米，植株株高增加 20～30 厘米（杨丽娟等，2000）。

（5）经济效益和增产效果显著　渗灌设备一次性投资，多年受益。据测定，渗灌管埋入地下可以使用 10 年以上。渗灌节约灌溉用水，节省下来的水可用于扩大灌溉面积。渗灌不仅使作物产量提高，也使农产品的品质得到改善，与地面灌溉相比，渗灌可使作物增产 50%～100%。因此渗灌具有明显的经济效益、生态效益和社会效益。

渗灌技术虽具有上述优点，但至今仍没有大面积推广使用，主要是渗灌本身还存在一些缺点，主要表现在以下几个方面。

（1）渗灌管容易堵塞　渗灌管堵塞是渗灌发展的致命问题，主要有物理堵塞、化学堵塞和生物堵塞 3 种类型。它直接影响渗灌系统的灌水均匀度和渗灌系统的使用寿命。

（2）灌水均匀度差　由于渗灌管易堵塞，致使渗灌的灌水均匀度差，严重影响渗灌的灌水质量。

（3）土壤盐分积累　由于渗灌管以上土层的水分运动方向总体上是向上的，又加之保护地缺少降雨等水分淋洗过程。所以，虽然地表土壤水分蒸发速度是微弱而缓慢的，但长时间的水分向上运动结果也会使盐分在表层土壤中逐渐积累起来，从而导致土壤的次生盐渍化、酸化及养分元素的失调。

3. 国内外应用研究　在一些发达国家，渗灌是随着灌溉材料的发展而发展的。早在 1860 年，德国就首次使用地下排水瓦管进行过地下灌溉试验。1913 年，美国的 E. B. House 就进行了地下滴灌的试验研究，但得到的结论是地下滴灌没有增加根区土壤含水量，应用中成本也太高。目前，渗灌已在美国、法国、日本、意大利、澳大利亚和以色列等国家被应用于温室、大田、果园及城乡绿化等灌溉中。

渗灌由于直接调控作物根区水分，提高作物水分利用效率，改善设施栽培作物生态环境，与其他灌溉方法相比，其作物产量和品质均有所提高。Phene 等研究表明，与沟灌相比，渗灌番茄产量可提高 20％。美国加利福尼亚州对番茄、芦笋、土豆等进行试验，其渗灌的产量均有不同程度的增加，而灌溉用水只占普通地表滴灌用水量的 50％～70％。Hanson 和 May（2004）及 Hanson et al.（1997）在加利福尼亚对生菜和番茄进行了试验，结果表明，渗灌时生菜的产量与沟灌相比没有明显差异，但明显高于滴灌的产量，在同样的灌水量下，番茄的产量比喷灌时每公顷增加 12 900～22 600 千克。在日光温室种植番茄时，渗灌与沟灌相比，可增加土壤水稳性团粒 81％，降低土壤容积密度 21％，增加土壤孔隙度 29％，提高土壤温度 1.1～1.7℃，降低空气相对湿度 13％，节约灌溉用水 37％，番茄产量明显增加。渗灌与漫灌相比，番茄产量增产 27％，与滴灌和膜下暗灌相比其产量也明显增加。北京地区晚春温室条件下生菜渗灌，整个生育期内 0～20 厘米深度内的平均地温比沟灌高 0.6℃；表层地温更高，平均气温比沟灌高 0.81℃；相对湿度比沟灌低 0.66％；整个生育期内可节水 19％，增产 15％。

4. 应用前景 从国外和我国各地的实践经验看，设施蔬菜凡采用渗灌技术，都可获得十分显著的节水增产效果，经济效益显著。因此，推广普及先进的渗灌技术是发展高产、优质、高效设施农业和节水农业的必经之路。

二、加氧灌溉技术

1. 概念 加氧灌溉就是借助地下滴灌技术，通过加气设备将水气混合液渗流到作物根区土壤，改善根区生长环境，促进植株生长发育，实现作物产量增加和品质改善的一种节水灌溉方法。

2. 加氧灌溉技术优缺点 加氧灌溉技术在农作物增产增收

和节水节能及保护环境方面是最新的灌溉技术之一。目前，加氧灌溉的优点在设施农业生产中也已有所体现。主要表现在以下几个方面。

(1) 为根区提供氧气 加氧灌溉能为灌溉而出现供氧不足的根区环境提供氧气来源。氧气供给确保了根系的最佳功能、微生物活动以及矿物质转化，从而促进作物的生长和发育。

(2) 促进根系生长 加氧灌溉能够促进不定根的生长，有利于根系从土壤中吸收水分与养分，使得产量增加、用水效率提高。

(3) 降低环境污染 在提高作物对营养元素吸收的同时，加氧灌溉可以减少施肥量和氮、磷等对环境的排放量，有利于面源污染等环境问题的治理。

加氧灌溉技术虽具有上述优点，但其本身也还存在一些缺点，导致其在国内至今未大面积推广应用，主要表现在以下几个方面。

(1) 技术操作要求高 加氧灌溉需要通过物理加氧或者化学加氧进行，还需要依据作物种类和生长季节选用适宜的加氧量和合理的调控措施，这些很难为一般生产者所掌握，不易普及推广。

(2) 增加了额外投入 加氧灌溉需要增加电费、滴灌设备及管件投入等额外的费用，从总的经济效益上来说，需要根据具体的气候和土壤来研究其综合效益较高的加氧灌溉模式。

3. 国内外应用研究 2001 年美国加州州立大学弗雷斯诺分校在地下滴灌的条件下，对线辣椒根系通入一定量的空气进行研究，提出了一种新的灌水方式——加氧灌溉。作为一种新的灌水方式，这项研究在美国，澳大利亚，日本都有了一定的研究进展。Goorahoo 等（2002）的研究表明，加氧灌溉处理的线辣椒个体重量范围为 51～441 克，而不加氧灌溉处理个体重量变化范围 51～286 克。Bortolini（2005）研究表明加氧灌溉提高了芦笋产量，并且比直接应用滴灌带要好。Vyrlas 等（2005）应用地下滴灌对甜菜根系通入氧气，设置了通气和不通气区块，结果表明灌后持续通气和不通气相比，根重分别超过 14.7％和 3.9％。Surya 等（2006）应用马铃薯在重黏土和盐渍土加气灌溉下的研究表明，在重黏土多水条件下加气处理的马铃薯的鲜重比不加气处理提高了 21％，在盐渍土中加气处理的马铃薯鲜重比不加气处理更是增加了 38％。Bhattarai（2008）等通过对加气灌溉条件下的地下滴头埋深的研究得出：随着埋深的增加，加氧处理可以缓解缺氧，加氧对浅根作物产量的提高影响显著。加氧增加水分利用效率、生物量和瞬时叶片蒸腾速率。

然而在国内，加氧灌溉还是一个比较新的研究领域。大多集中在室内的研究上，邢书慧等（2005）研究了采用通气泵对营养液通气以提高营养液中溶解氧量，研究通气对水培小天使、芦荟、金琥、山海带 4 种植物生长的影响，结果表明：通气会改变植物不同范围直径根在根系中所占的比例，进而增大根总长、根表面积，促进植物对养分和水分的吸收。孙艳军等（2006）研究表明，低氧处理与正常通气条件相比，网纹甜瓜幼苗根长降低，鲜重、干重显著下降，含水率稍有降低，而根系活力升高。孙周平等（2008）研究表明改善根际通气条件能促进马铃薯光合作用与光合代谢产物的转运和积累。目前国内对加氧灌溉在设施蔬菜方面的研究还相对较少。刘杰等（2010）采用以蒸发皿水面蒸发量控制灌水量的方法，对加氧灌溉条件下温室小型西瓜生理特性和产量等指标进行了研究，结果表明加氧灌溉条件下的西瓜生理指标和产量明显优于正常灌溉条件下的。具体表现为加氧灌溉处理下的要比正常灌溉条件下的长势高、叶面积扩展大、叶绿素含量高、茎叶重量大。张敏（2011）研究了加气灌溉条件下温室甜瓜的生长效应，结果表明加氧灌溉促进了甜瓜叶片苗期和开花坐果期叶面积的伸展，加气灌溉显著增加了甜瓜单株产量和品质。

4. 应用前景　加氧灌溉不仅在节水农业上应用前景广阔，

而且在水培作物和植物快繁技术等方面都有很好的应用前景。加氧灌溉是一种新型的高效灌溉，低施肥、低污染、优质高产的环保节能型的生态可持续技术，其经济效益和环境效益非常大。"氧灌"技术在现代农业耕作中具有极为广阔的运用前景与发展空间，将成为未来农业节水技术体系中的重要技术措施。

三、气雾栽培技术

1. 概念　气雾栽培（雾培）技术是一种新型的无土栽培模式，是把植物根系置于空气或者气雾环境中，通过雾化的水气满足植物根系对水肥需求的一种栽培方式，并具有最充足的氧气与最自由伸展的空间，使根系在毫无阻力的情况下生长的栽培模式。

2. 气雾栽培的优缺点　气雾栽培是目前在园艺生产上最具有开发潜力与前景的技术之一。它具有比其他耕作方法生长更快、管理更方便、投工更小的特点，同时节省了土地，扩大了种植空间，使作物的生长期缩短。它的优点主要体现在以下几个方面。

（1）可有效避免作物的连作障碍　在传统土壤栽培中，尤其是设施栽培下，由于作物连作导致土壤中土传病虫害的大量发生、盐分积聚、养分失衡等已成为农业可持续生产中的难题。而气雾栽培可从根本上解决土壤连作障碍的问题，同一设施可以周年重复栽种同一种作物。

（2）可解决水培中根系缺氧问题　在普通水培营养液中溶解氧浓度低，根系耗氧快；在基质栽培中也常由于根垫的形成，使根系供氧状况恶化，严重抑制蔬菜作物的生长、限制产量和品质的提高。在不使用额外能源的基础上，气雾栽培很好地解决根系供液与供氧的矛盾，为作物生长提供了最优化的根际环境。

（3）具有长势快、产量高、品质好的优势　气雾栽培具有优越的水、肥、气条件，加上温室标准化的环境控制，充分发挥作物的生产潜力,作物生长速度快、长势强、产量高。

(4) 水分和养分的利用效率高 在传统的土壤栽培中,肥料平均利用率仅有 30%～40%,而气雾栽培可根据作物品种、生长阶段,科学、均衡地供给水溶性营养物质,解决养分的土壤固定和流失等问题,因此,养分利用效率可提高至 90%～95%。

(5) 提高土地利用率,扩展农业生产空间 气雾栽培摆脱了土壤的约束,极大扩展了农业生产空间,如荒山、海岛、沙漠以及河流、湖泊及海洋上的"流动土地",甚至宇宙空间航天器上都可采用气雾栽培进行作物生产。

(6) 易于实现农业生产的现代化 气雾栽培免去了田间各种耕作和锄草,易于实现营养液管理的自动化,可以按照人的意志进行作物生产,是一种可控环境的现代农业生产方式,且随着计算机和智能系统的使用,大幅度地提高劳动效率,更加有利于推动农业生产走向工业化、现代化。

然而,气雾栽培在具备上述诸多优点的同时,也存在一些问题。归纳起来,气雾栽培主要存在以下几个缺点。

(1) 一次性投资大,设备的可靠性要求高 与土壤栽培相比,气雾栽培需要更多的设施和设备,运行费用较高。在我国当前普通农民的经济收入和消费水平下,较难支撑前期投入和运行费用。

(2) 根际环境不很稳定 在气雾栽培系统中,作物的根系生长在充满雾化养分的空气中,根系的生长环境如营养液浓度和组成、温湿度等易产生较大幅度的变化,且根际环境的缓冲性较土壤、普通水培差。根际环境的不稳定将直接影响作物的生长发育和产量的形成。

(3) 管理技术的要求高 气雾栽培生产中需要依据作物种类和生长季节选用适宜的营养液配方、配制营养液,并对作物生长环境的温、湿、气、光进行必要的调控,这些很难为一般生产者所掌握,不易普及推广。

3. 国内外应用研究　在国际上，气雾栽培技术的研究可以延伸到 20 世纪 40 年代，早在 1942 年，Carter 首先研究了气雾栽培，并提出了水培植物的方法。至 2006 年，气雾栽培技术在全球范围内应用。1952 年，Trowel 用气雾栽培方式栽植了苹果树。1957 年，Went 采用气雾栽培方式栽培了咖啡树和土豆。1983 年，Gti. 制造出气雾栽培的容器，后来被称作气雾栽培"起源装置"。1985 年，Gti. 又在温室内大规模应用气雾栽培技术栽培生菜。1986 年，Stoner 率先将新鲜气雾栽培的食物投入国际食物链。

近年来，随着工业技术的发展，我国也出现了气雾栽培制度，为农业生产实现高产优质探索出一种新型的栽培模式。但由于一次性投资大，推广经济上难以承受，而且技术本身还不够完善，配套技术不够成熟。目前在我国，气雾栽培仅作为现代化农业的展示，尚处于引进和实验研究阶段，对气雾栽培技术开展研究的单位不多，应用于生产实践的更少。

4. 应用前景　虽然气雾栽培在我国的研究不多，但是它仍然表现出广阔的发展前景和巨大的应用潜力。气雾栽培将会成为根系形态学和生理学研究方面的有效工具；也将是实现蔬菜工厂化生产的有效途径之一；在未来的城市居住和办公楼的阳台和庭院农业中将发挥重要的作用；可能是提高污染、退化和矿区土地利用率的有效手段；也将在航天生命保障系统提供重要技术支撑。

【参考文献】

丛玉敏，王凤臻，王永华，等 . 1999. 渗灌在林业上的应用前景 . 浙江林业科技，19（3）：72-74.

丁文雅 . 2012. 高产优质生菜气雾栽培系统中营养液调控技术的研究 . 杭州：浙江大学 .

杜尧东，刘作新．2000．渗灌——设施园艺先进的节水灌溉技术．资源开发与市场，16（5）：266-267．

郭世荣．2003．无土栽培学．北京：中国农业出版社．

刘杰，蔡焕杰，张敏，等．2010．加氧灌溉对温室小型西瓜生长发育和产量的影响．农业高效用水理论与技术：757-762．

刘兆辉，江丽华，张文君，等．2008．设施菜地土壤养分演变规律及对地下水威胁的研究．土壤通报，39：293-298．

刘作新，杜尧东，蔡崇光，等．2002．日光温室渗灌效果研究．应用生态学报，13（4）：409-412．

钱晓辉，孟德财，李茂林．2000．试述农业节水灌溉中的渗灌技术．农机化研究（4）：72-73．

孙艳军，郭世荣，胡晓辉，等．2006．根际低氧逆境对网纹甜瓜幼苗生长及根系呼吸代谢途径的影响．植物生态学报，30（1）：112-117．

孙周平，郭志敏，刘义玲．2008．不同通气方式对马铃薯根际通气状况和生长的影响．西北农业学报，17（4）：125-128．

孙周平，李天来，姚莉，等．2004．雾培法根际CO_2对马铃薯生长和光合作用的影响．园艺学报，31（1）：59-63．

汤瑛芳．2004．旱区集雨温室蕃茄节水灌溉模式研究．西北园艺（5）：10-13．

王敬国．2011．设施菜田退化土壤修复与资源高效利用．北京：中国农业大学出版社．

王淑红，张玉龙，虞娜，等．2005．渗灌技术的发展概况及其在保护地中应用．农业工程学报（21）：92-95．

王忠波，王晓斌，肖建民．2004．渗灌技术研究．农机化研究（5）：115-117．

肖卫华，姚帮松，张文萍．2010．作物加氧灌溉的研究．农业高效用水理论与技术：751-756．

邢书慧，罗健，陈泳慧，等．2005．通气对几种水培观赏植物生长的影响．农业工程学报（增刊），21：36-39．

徐伟忠，王利炳，詹喜法，等．2006．一种新型栽培模式——气雾培的研究．广东农业科学（7）：30-33．

薛俊彦．2002．无土栽培的优越性和实用性．保定师范专科学校学报（4）：

24-25.

杨丽娟，张玉龙，须辉．2000. 设施栽培条件下节水灌溉技术．沈阳农业大学学报，31（1）：130-132.

杨其长，汪晓云，刘文科，等．2006. 无土栽培新模式——营养液梯级利用初探．中国农学通报（7）：553-556.

杨少俊．1998. 大田渗灌立体种植模式及效益．人民黄河，20（3）：25-27.

鱼宏刚，周兴有，王天赋，等．2001. 蔬菜温室的渗灌节水试验．吉林蔬菜（1）：40-41.

袁丽金，巨晓棠，张丽娟，等．2010. 设施蔬菜土壤剖面氮磷钾积累及对地下水的影响．中国生态农业学报，18：14-19.

袁巧霞，朱端卫，艾平，等．2006. 设施栽培中渗灌技术研究现状与发展趋势．农业机械学报，37（9）：199-203.

张路．2012. 气雾栽培对叶菜类蔬菜营养品质影响的研究．杭州：浙江农林大学．

张敏．2011. 加气灌溉条件下温室甜瓜生长效应的研究．杨凌：西北农林科技大学．

张书函，许翠平，刘洪禄，等．2002. 日光温室晚春茬生菜渗灌技术试验研究．灌溉排水，21（12）：28-32.

诸葛玉平．2001. 保护地渗灌土壤水分调控技术及作物增产节水机理的研究．沈阳：沈阳农业大学．

Bhattarai S P, Midmore D J, Pendergast L. 2008. Yield, water-use efficiencies and root distribution of soybean, chickpea and pumpkin under different subsurface drip irrigation depths and oxygation treatments in vertisols. Irrig Sci. , 26: 439-450.

Bortolini L. 2005. Injecting air into the soil with buried fertirrigation equipment. Informatore Agrario. , 61 (19): 33-36.

Chen Q, Zang X S, Zhang H Y, et al. 2004. Evaluation of current of fertilizer practice and soil fertilizer in vegetable production in the Beijing region. Nutrient Cycling Agroecosystems. , 69: 51-58.

Christie C B, Nichols M A. 2004. Aeroponics-a production system and research tool. Acta Horticulturac. , 648: 185-190.

El-Gindy A M, El-Araby A M. 1996. Vegetable crop response to surface and subsurface drip under calcareous soil. Pr oc. Int. Conf. on Evapot ranspiration and Irrigation Scheduling.

Goorahoo D, Carstensen, G Zoldoske, et al. 2002. Using air in sub-surface drip irrigation (SDI) to increase yields in bell peppers. International Water & Irrigation, 22 (2): 39-42.

Hanson B R, May D. 2004. Effect of subsurface drip irrigation on processing tomato yield, water table depth, soil salinity, and profitability. Agricultural Water Management, 68 (1): 1-17.

Hanson B R, Sch wankl L J, Schulbach K F, et al. 1997. A comparison of furrow, surface drip, and subsurface drip irrigation on lettuce yield and applied water. Agricultural Water Management, 33 (2-3): 139-157.

Hayden A L, Yokelson T N, Giacomelli G A, et al. 2004. Aeroponics: an alternative production system for high-value root crops. Acta Horticulturac. , 629: 207-213.

Hayden A. 2006. Aeroponic and hydropnic system for medicinal herb, rhizome, and root crops. Honiculturae Science, 41 (3): 536-538.

Mi Y X, Stewar B A, Zhang F S. 2011. Long-term experiments for sustainable nutrient management in China. A review. Agronomy for Sustainable Development, 31: 397-414.

Nakayama F S. 1986. Trickle irrigation for crop production. USA.

Nichols M A . 2005. Aeroponics and potatoes. Acta Horticulturac. , 670: 201-206.

Nichols M A, Christie C B. 2002. Continuous production of greenhouse crops using aeroponics. Acta Horticulturac. , 578: 289-291.

Phene C J, Beale O W. 1976. High-frequency irrigation for water nutrient management in humid regions. Soil Sci. Soc Am. J. , 40 (3): 430-436.

Surya P Bhattarai, Lance Pendergast, David J Midmore. 2006. Root aeration improves yield and water use efficiency of tomato in heavy clay and saline soils. Scientia Horticulturac. , 108: 278-288.

Vyrlas P, Sakellariou-Makrantonaki M. 2005. Soil aeration through subsurface drip irrigation. Proceeding of the 9th International Conference on Environmental Science and Technology Vol B-Poster Presentations: 1 000-

1 005.

Zhu J H，Li X L，Christie P，et al. 2005. Environmental implications of low nitrogen use efficiency in excessively fertilized hot pepper（*Capsicum frutescens* L.）cropping systems. Agriculture，Ecosystems and Environment，111：70-80.

[第八章]

微灌施肥工程建造与应用

第一节　微灌施肥工程设计

微灌施肥工程系统分为首部枢纽、输水管路、田间首部及灌水器等。输水首部枢纽包括水泵、控制阀门、过滤器、施肥器、压力表等；输水管路包括干管（主管）、支管（分区管）、分支管（与毛管连接）。田间首部可包括施肥器、过滤器、保护和测量装置等。灌溉工程系统的规划设计步骤一般包括：地形、水源和作物等勘测调查，灌水器选择、灌溉及工作制度确定，管道直径及管网水力计算，系统总体布置，配件选型与布设，加压泵选型设计，技术经济分析等（图 8-1）。

一、选择合适的微灌模式

微灌施肥包括微喷灌和滴灌施肥等。对于丘陵地区灌溉系统内不在同一水平面上的设施温室大棚等宜选择带压力调节装置的滴灌施肥。对于平原地区，模式的选择多与种植蔬菜种类和水源有关。一般来说，诸如菠菜、生菜等叶菜类蔬菜可采取微喷施肥的模式，黄瓜、番茄等设施蔬菜，滴灌施肥节水效果更好。如果水源质量较差，流沙或杂质等较多，除了安装过滤系统之外，可以考虑更不容易发生堵塞的微喷施肥模式。

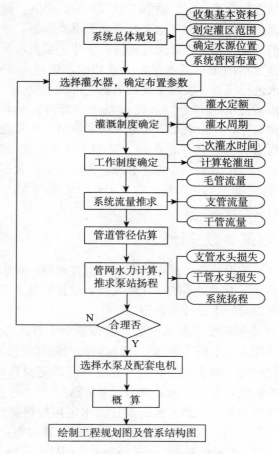

图 8-1 微灌工程规划设计流程图

二、选择合适的水源

微灌工程规划必须对水源的水量、水位和水质进行分析，利用现有水源工程供水的微灌系统，应根据工程原设计和运用情况，确定设计水文年的供水状况，新建水源工程，供水状况应根据来水条件进行计算确定。微灌工程以小河、山溪、塘坝为水源时，应根据调查资料并参考地区性水文手册或图集，分析计算设计水文年的径流量和年内分配过程线；以井、泉为水源时，应根据已有资料分析确定可供水量，无资料时，应对水井作抽水试验，对泉水进行调查、实测出流量来确定可供水量。

微灌水质除必须符合《农田灌溉水质标准》（GB 5084—2005）的规定外，还应满足：①进入微灌管网的水应经过净化处理，不应含有泥沙、杂草、鱼卵、藻类等物质；②微灌水质的pH一般应在 5.5～8.0；③微灌水的总含盐量不应大于 2 000 毫克/千克；④微灌水的含铁量不应大于 0.4 毫克/千克；⑤微灌水总硫化物含量不应大于 0.2 毫克/千克。

三、灌溉参数设计

灌溉参数的设计应根据作物在一定生育时期内对水分的需求和土壤水分状况而定。系统设计灌溉参数包括灌溉制度、微灌系统工作制度以及管道设计参数等。

1. 设计灌溉制度　灌水制度是指作物全生育期内设计条件下的每一次灌水量（灌水定额）、灌水时间间隔（灌水周期）、一次灌水延续时间、灌水次数和灌水总量（灌溉定额）。它是设计灌溉工程的依据，也是灌溉管理的参考依据。

（1）灌水定额　微灌系统的设计灌水定额是根据作物种类、土壤性质计算出的一次最大灌水量，由下式计算求得：

$$I = 0.1(\beta_{max} - \beta_0) \cdot \gamma \cdot Z \cdot P/\eta$$

式中：I 为设计灌水定额，毫米；

β_{max} 为田间持水量，以干土重百分比计，%（通常取田间持水量的 90%）；

β_0 为灌前土壤含水量，为作物允许的土壤含水量下限，以干土重百分比计，%（通常取田间持水量的 70%）；

γ 为土壤容重，克/厘米³（取 1.4 克/厘米³）；

Z 为计划湿润层深度（米），根据各地的经验，各种作物的适宜土壤湿润层深度：蔬菜为 0.2～0.3 米，大田作物为 0.3～0.6 米，果树为 1.0～1.5 米；

P 为土壤湿润比（%），北方干旱半干旱地区取 20%～30%，南方湿润半湿润地区取 25%～35%，蔬菜取 60%～90%，具体不同微灌模式下不同作物湿润比见表 8-1；

η 为灌溉水利用系数，取 0.95～0.98。

各类土壤容重及水分常数见表 8-2，供设计时参考。

表 8-1 微灌设计土壤湿润比（%）

作 物	滴灌、涌泉灌	微喷灌
果树、乔木	25～40	40～60
葡萄、瓜类	30～50	40～70
草、灌木	—	100
蔬菜	60～90	70～100
粮、棉、油等植物	60～90	—

注：干旱地区宜取上限值。

表 8-2 不同质地土壤容重和水分常数

土壤质地	容重（克/厘米³）	水分常数（重量比，%）	
		凋萎系数	田间持水量
紧沙土	1.45～1.60	4～6	16～22
沙壤土	1.36～1.54	4～9	22～30
轻壤土	1.40～1.52	6～10	22～28
中壤土	1.40～1.55	6～13	22～28
重壤土	1.38～1.54	15	22～28
轻黏土	1.35～1.44	12～17	28～32
中黏土	1.30～1.45		25～35
重黏土	1.32～1.40		30～35

（2）**设计灌水周期**　设计灌水周期是指在设计条件下，能满足作物需要的两次灌水之间的最长时间间隔。应根据作物种类、土壤类别及湿润层深度等因素确定，设施蔬菜一般为5～7天。设计灌水周期可按下式计算：

$$T = \frac{I}{w}\eta$$

式中：T 为设计灌水周期，天；

I 为设计灌水定额，毫米；

w 为最大月平均需水强度（毫米/天）；

η 为灌溉水利用系数，取 0.95～0.98。

微灌系统的最终目的是能够根据作物耗水规律（表 8-3），适时、适量地向作物根系活动层补充水分，使土壤水分状况最有利于作物生长，所以微灌的灌水周期应尽可能短，一般蔬菜设计灌水周期5～7天，对于不同作物和土壤质地，应根据作物耗水能力和土壤的透水蓄水能进行适当调整。

表 8-3　高峰期作物耗水量参考值（毫米/天）

作物	微灌	喷灌	作物	微灌	喷灌
葡萄、果树、瓜类	6～10	5～8	蔬菜（露地）	6～10	5～7
粮、棉、油等作物	6～10	5～8	蔬菜（保护地）	2～4	—

（3）**灌水次数与灌溉定额**　使用微灌技术，经常采取少灌勤灌的灌水方式，因而作物全生育期（或全年）的灌水次数比传统的地面灌溉多。我国北方设施蔬菜每年灌水 30～40 次；在水源不足的山区只能依水源情况而定，一般只灌关键水，可能每年只灌 20 次。灌溉定额则为生育期或一年内（对多年生作物）各次灌水量的总和。

$$M = \sum M_i$$

式中：M 为全生育期灌水总量，米^3；

M_i为每次灌水量，米^3。

2. 微灌系统工作制度的确定　微灌系统的工作制度的分为全系统续灌、分组轮灌及移动式微灌等几种情况，设施蔬菜种植中很少采用移动式灌溉的方式，故以下所述灌溉制度均指固定式微灌系统而言。制定微灌系统工作制度的任务就是确定微灌系统一次灌水所需的时间、轮灌分组及制定轮灌方案。在确定工作制度时，应根据作物种类，水源与水泵条件和经济状况等因素作出合理选择。对面积较大的灌区，为提高设备利用率，微灌系统一般采用分组轮灌的工作制度。

(1) 每次灌水时间　在单条毛管直线布置，灌水器间距均匀的情况下，续灌情况下每次灌水时间和每个轮灌区每次灌水时间由下式确定：

$$t = \frac{I S_e S_L}{\eta q}$$

式中：t 为一次灌水延续时间，小时；

I 为设计灌水定额，毫米；

S_e 为灌水器间距（米），对于灌水器间距非均匀安装的情况下，可取灌水器的平均间距；

S_L 为灌水器行距，米；

η 为田间水利用系数，$\eta = 0.9 \sim 0.95$；

q 为灌水器流量，升/小时。

(2) 划分轮灌组　轮灌区的划分首先应遵循以下原则：①各轮灌组控制的面积应尽可能相等或接近，以使系统流量稳定，水泵具有较高的工作效率。②轮灌组的划分应充分考虑各田块之间的用水关系和田间管理的要求。同一轮灌组内的作物其灌溉制度应该一致，一般同一轮灌组内不应有不同种类的作物或为非同一用户用地，否则很难解决不同作物或农户之间的用水矛盾，同时也为其他农业措施如施肥等提供了方便。③轮灌编组应该有一定的规律，可操作性强，方便运行管理。④制定轮灌顺序时，应慎重考虑，是将同一轮灌组集中连片布置，使操作管理方便，还是轮灌区分散布置，使流量分散，减少干管流量节省投资，这些都应坚持因地制宜的原则，切不可一味追求某一方面而影响大局。

按作物需水要求，全系统划分的轮灌组数目如下：

$$N \leqslant \frac{C \cdot T}{t}$$

式中：N 为允许的轮灌组最大数目（个），取整数；

C 为每天运行的小时数，一般为 12～20 小时，固定式系统不低于 16 小时；

T 为灌水周期，天；

t 为一次灌水持续时间，小时。

轮灌越多，干管流量越小，不仅减少投资费用，而且有效减少运行费用，但越容易造成各轮灌组之间的用水矛盾，尤其是不同轮灌组之间为不同农户所有时，更易出现用水矛盾。但是若轮灌区过少，不仅系统流量会增大，而且当灌区田块分布零散且种植作物复杂时分组又比较困难，上式仅仅为计算允许的最多轮灌组数，设计时应根据具体情况灵活确定合理的轮灌数目。

四、微灌管道系统设计

微灌管道系统设计的主要内容是在满足灌水均匀和灌水器工作压力的要求下，确定各级管道的进口压力和流量，确定干、支管的管径以及毛管的铺设长度等。管道系统设计是微灌系统设计的重要环节，不仅对系统的投资和运行费用有很大影响，而且对系统的灌水质量具有决定性作用，设计人员不仅要进行详细的计算，而且要有丰富的设计经验，这样才能使设计出的微灌系统既有较好的灌水质量，又使投资管理费用更小。

1. 微灌毛管设计 微灌系统毛管是从支管取水再向各个灌水器供水的管道，具有管道直径小、出流口多的特点。一般采用抗老化性能较好的低密度或中密度聚乙烯制造，其直径一般为

12~20 毫米。由于滴灌工程毛管数量相对较大，因此一般选用较小直径的毛管，最常用的毛管直径为 12~16 毫米，毛管一般选用同一直径，中间不变径。

2. 支管设计　微灌系统支管是指连接干管与毛管的管道，它在系统中起着配水和输水的双重作用，因而支管设计必须达到系统对配输水和均匀度两方面的要求。配输水要求支管按设计流量向各灌区配送水流；均匀度要求支管的分段长度不能使管内压力差超出允许压力差，即支管设计应使每条支管内任一点的压力大于或等于毛管进口要求的工作水头，以确保支管上每条毛管的灌水器有足够压力和流量，使灌水均匀。

（1）毛管入口处安装调压装置或使用压力补偿式灌水器，此时允许压力差全部分配给毛管，即：

$$\Delta H_m = H_v h_d$$

式中：ΔH_m 为毛管总水头损失，米；

H_v 为设计允许水头偏差率；

h_d 为灌水器的设计工作水头，米。

支管设计只要保证每一毛管入口压力在调压装置的工作范围内且不小于毛管要求的进口压力即可。其具体水力计算按多孔出流管进行。

（2）不采用压力补偿式灌水器且毛管入口处未安装调压装置时，则灌水器的允许压力差由支管的水头损失和毛管的水头损失两部分组成。在设计时需合理地将允许压力差分配给支管和毛管，其分配比例应根据所采用的管道规格、管材价格、灌区地形条件、地块规格等因素确定，在平坦的地形条件下，允许水头差可按下列比例分配：

$$\Delta H_m = 0.55 H_v h_d$$
$$\Delta H_Z = 0.45 H_v h_d$$

式中：ΔH_m 为毛管总水头损失，米；

ΔH_Z 为支管总水头损失，米；

H_v 为设计允许水头偏差率；

h_d 为灌水器的设计工作水头，米。

根据上式允许水头分配比例，即可按支管内最大压力差不超过 ΔH_z，且每一毛管入口压力不小于毛管要求的进口压力的要求设计支管。如计算出支管管径过大时，可修改分配比例，改变毛管设计，以获得最经济的设计，其水力计算仍按多孔出流管进行。

3. 干管设计　干管是从水源向田间支毛管输送灌溉水的管道，起着为整个微灌系统输送总水量的作用。干管系统有向一块灌区输水的简单干管系统（无分干管）和向多块灌区输水的复杂干管系统（分总干管和各级分干管）。干管设计的主要任务是根据轮灌组确定的系统流量选择适当的管材和管道直径。

（1）干管管材的选择　微灌系统干管管材一般都选用塑料管，常用的有硬聚氯乙烯（PVC）管、聚乙烯（PE）管。

（2）干管流量设计　微灌系统干管的作用是向所有支管能够输送符合压力和流量要求的水流，干管流量在续灌和轮灌情况下的计算方法如下。

①全系统续灌情况。任一干管段的流量等于该段干管以下支管流量之和。

$$Q_g = \sum_{i=1}^{N} Q_{Zi}$$

式中：Q_g 为干管流量，升/秒；

Q_{Zi} 为各支管流量，升/秒。

②轮灌情况。当系统采用分组轮灌的灌溉制度时，任一干管段的流量则等于通过该管段的各轮灌组中最大的流量。

$$Q_g = \max(Q_{轮1}, Q_{轮2}, Q_{轮3}\cdots)$$

（3）干管管径的选择　干管的管径选择在满足工作压力和流量的条件下，主要考虑系统投资造价及运行费用。根据伯努利能量方程，管道中任意两个断面间的能量损失与管道长的比称为水力坡度，即：

$$I = \frac{\Delta H}{L}$$

式中：I 为水力坡度，即单位长度的水头损失；

ΔH 为两断面间能量损失，米；

L 为两断面间管道长度，米。

在管道系统设计时，管径选择较大，其水头损失较小，即 I 值越小，所需水泵扬程降低，运行费用减小，但管网投资较高。管径选择较小，其水头损失较大，即 I 值越大，所需水泵扬程较大，运行费用增加，但管网的投资可减小。由此可见，系统投资与 I 值成正比，与运行费用成反比，所以称水力坡度 I 值为经济能量水力坡度。一般认为我国微灌系统的与水力坡度 I 在 $0.03 \sim 0.06$ 较为合理。当管道的经济能量水力坡度确定后，管径 D 就仅取决于管道流量 Q，然后可以根据威廉—哈森公式或勃拉休斯公式求得管道直径。

$$D = 0.078 \times \frac{Q_S^{0.38}}{I^{0.205}} \text{（威廉—哈森公式）}$$

式中：D 为管道直径，厘米；

Q_S 为支管流量，升/小时；

I 为管道水力坡度，取 $0.03 \sim 0.06$。

$$D = 10.88 \times \frac{Q_S^{0.37}}{I^{0.27}} \text{（勃拉休斯公式）}$$

式中：D 为管道直径，毫米；

Q_S 为支管流量，米³/小时；

I 为管道水力坡度，取 $0.03 \sim 0.06$。

在干管设计时，先根据各支管或轮灌区的流量确定干管的总流量，然后在允许的水头损失 ΔH 范围内，即在经济水力坡度 $I = 0.03 \sim 0.06$ 范围内用式（威廉——哈森公式）或（勃拉休斯公式）计算干管的管径。

一般情况下，对于塑料硬管供水，可根据如下经验公式估算管道的直径。

$$D = 13 \times \sqrt{Q}$$

当 $Q \geqslant 120$ 米³/小时时

$$D = 11.5 \times \sqrt{Q}$$

式中：D 为管径，毫米；

Q 为管道流量，米³/小时。

五、系统扬程设计

系统扬程的计算对于动力和水泵的选择至关重要，通过田间调查得出典型（最不利）轮灌组高程、水源动水位和灌水器公称水头后，一般系统设计扬程按下列公式进行计算。在计算得到设计流量和水头后，结合水泵的工作曲线，选择合适的水泵。

工程设计扬程 H（米）$= Z_p - Z_b + h_0 + \sum h_f + \sum h_j$

Z_p 为典型（最不利）轮灌组高程（米）；

Z_b 为水源动水位（米）；

h_0 为灌水器公称水头（米）；

$\sum h_f$ 为干管、支管沿程损失（米）；

$\sum h_j$ 为首部、干管、支管局部水头损失（米）。

$$\sum h_f = f \frac{Q^m}{d^b} L$$

f 为摩阻系数（常数，表 8-4）；

Q 为流量（米³/小时）；

m 为流量指数（常数，表 8-4）；

d 为管道内径（毫米）；

b 为管径指数（常数，表 8-4）；

L 为管道长度（米）。

为简化局部水头损失计算，微灌体系可采用沿程水头损失的 15% 计算，即：

$$\sum h_j = 0.15 \times \sum h_f$$

表 8-4 各种管材 f、m、b 值

管材	f	m	b
钢筋混凝土管糙率 $n=0.013$	1.312×10^6	2.00	5.33
$n=0.014$	1.516×10^6	2.00	5.33
$n=0.015$	1.749×10^6	2.00	5.33
旧钢管、旧铸铁	6.25×10^5	1.90	5.10
硬聚氯乙烯塑料管（PVC-U）	0.948×10^5	1.77	4.77
铝合金管	0.861×10^5	1.74	4.74
聚乙烯管（PE）	0.948×10^5	1.77	4.77
玻璃钢管（RPMP）	0.948×10^5	1.77	4.77

六、系统管道布局

微灌系统的管道一般分干管、支管和毛管等三级，布置时要求干、支、毛三级管道尽量相互垂直，以使管道长度和水头损失最小。通常情况下，设施菜地一般要求出水毛管平行于种植方向，支管垂直于种植方向。如果以小农户为操作应用模式，宜在田间设置施肥、过滤等田间首部，如果为园区种植，可仅在首部枢纽设置施肥装置。

第二节 微灌工程系统的施工步骤及要求

微灌施肥工程施工前要深入规划灌区，全面踏勘、调查了解施工区域情况，认真分析工作条件，编写施工计划。施工安装必须按批准的设计进行，需要修改设计或变更工程材料时，应提前与设计部门协商研究，较大的工程必要时还需经有关部门审批。微灌工程施工涉及工种较多，必须加强各工种间协作，按照工序有组织有计划地施工。全面了解过滤、施肥、水泵等专用设备结构特点及用途，严格依照技术要求安装。微灌工程施工包括土建和专用设备安装两大部分，土建施工过程包括测量放线、挖槽开沟、铺设管线和试压回填等步骤。土建工程施工应视工程规模、施工难易、工程量等准备施工设备。

一、放线测量（顶线）

放线就是把设计图纸上的设计方案直接布置到地面上，依此进行施工。较大的微灌施肥系统应设置控制网；地形复杂的微灌施肥系统应包括平面位置和高程两个方面的测量；地形简单的小面积微灌系统只需按照施工总体布置图，定出干管的中心线，安装各种配件的位置，设置定位标准即可。

二、基坑和管槽开挖

由中心线向两侧开挖，在方便施工的前提下管槽应尽量挖窄一些，如 35～45 厘米，这样可以减少土方量。管槽的底面要求平滑顺直，以减少不均匀沉陷和管子承受不均匀的压力。管槽深度应达到冻土层以下。有纵坡要求的按设计纵坡开挖。需要在沟内安装配件的地方，其宽度应大一些，安装作业时方便。

三、浇筑水泵基座

浇筑水泵基座关键在于严格控制基脚螺钉的位置和深度，常用一个木框架，按水泵基脚尺寸打孔，按水泵的安装条件把基脚螺钉穿在孔内进行浇筑。

四、干、支管的铺设

干、支管均应埋在当地冰冻层以下，并应考虑地面上农业机械的压力。管子应有一定的纵向坡度，使管内残留的水能向干管的最低处汇流，并装有排污阀以便在灌溉季节结束后将管内积水排空；对于脆性管道（玻璃管、石棉水泥管等）装卸运输要特别小心，以减少破损率，铺设时隔一定距离10～20厘米应装有柔性接头。管槽应预先夯实并铺沙过水，以减小不均匀沉陷造成的管内应力。在水流改变方向的地方（弯头、三通等）和支管末端都应设镇墩，以承受水平侧向推力和轴向推力；塑料干支管在安装前应检查所需各种管道与管件是否齐全，质量是否满足设计要求。若采用PVC管作干管，施工时要求管与管、管与配件的连接均采用承插的方法，一般应插入18～22厘米。如果遇到塑料和铁配件承插连接，首先看一下铁配件胶圈是否安装好，再往胶圈部位涂肥皂水，然后插塑料管，管道转弯以及各阀门处需设镇墩或墩座，以免使用时管道发生位移；安装过程中要始终防止泥土、砂石进入管道内，对于金属管道，在铺设之前应预先进行防锈处理，铺设时如发现防锈层有损伤或脱落应及时修补；管子装好后先不连接支管，打开排污阀，开泵冲洗管道，把竖管敞开任其自由溢流把管中砂石、碎末都冲出来，以免堵塞喷头。

五、试压与回填

管路铺设完毕，管路系统需要冲洗和试压，对于质量较轻的塑料管，在开阀冲洗和试压时收到水流的冲击，常使管路发生位移而脱节。因此，在试压前可先回填一半，将所有的接口处留在外面以便观察，然后进行管路试压。将开口部分全部封闭，竖管用堵头封闭，逐段进行试压，试压的压力应比工作压力大一倍。保持这种压力10～20分钟，各接头不应当有漏水，如发现漏水应及时修补，经试压证明整个系统施工质量符合要求才可以回填。采用塑料管应掌握回填时间，最好在气温等于土壤平均温度时回填，以减少温度变化引起的变形。

六、微灌施肥工程施工要求

微灌系统的设备必须安装严紧，防止漏水、阻水。

对于人畜饮水联合运用的工程，不论自压还是有压工程，严禁在首部枢纽和人畜管道上安装化肥和农药装置。

干管和毛管在铺放时必须将两端暂时封闭，严防泥土、杂物等进入管道而引起堵塞。

用连接管安装微喷头时，连接管一端插入毛管，另一端引出地面后固定在插杆上，其上再安装微喷头。一般插杆深度不应小于15厘米，插杆和微喷头应垂直于地面；一般情况下，微喷头需高出地面20厘米。

为使干管内的存水在入冬前能全部放掉，管道末端埋深应大于70厘米，以便使铺设后的管道形成大于0.2％的纵坡，便于将管中存水排入到排水井或排水渠中。

管道试水时，环境温度应不低于5℃，试水压力应为管道系统的设计工作压力；保压时间，塑料管和预制管不小于1小时，现场浇筑混凝土管不小于8小时。

在管道及管件安装过程中，可在管道无接缝处先覆土固定，露出接缝处，以便检测，待整个系统安装完毕，经冲洗、试压，全面检查确认工程质量，工程质量合格后方可回填。

必须在管道两侧同时进行回填，严禁一侧回填，以免给管线造成不必要的侧向挤拉。回填前应清除槽内一切杂物，排净积水，在管壁四周10厘米内的覆土不应有直径大于2.5厘米的砾石和直径大于5厘米的土块，回填应高于原地面10厘米，并应分层轻夯或踩实。

第三节　设施蔬菜微灌施肥工程应用与管理

在设施蔬菜生产中目前应用最多的微灌施肥模式分别为滴灌施肥和微喷带喷灌施肥模式。其中微喷带喷灌施肥模式多结合覆膜进行，以降低水分喷射范围和空气湿度。据调查，2010年设施蔬菜典型种植地区寿光市有7 000多亩日光温室采用微灌施肥模式；截止到 2014 年，寿光市有约 4 万亩日光温室采用微灌施肥模式，其中微喷灌和滴灌分别占 87% 和 13%。

一、设施菜地微喷灌施肥模式应用

微喷带喷灌具有成本低、出水量大，水分湿润比高等特点，另外在传统设施蔬菜栽培区，配套的水泵一般为 7.5 千瓦，出水量多在 20 米³/小时以上，缺少压力罐或变频器等压力调节装置，不适宜安装流量小的滴灌施肥，而微喷灌单位时间出水量大，对压力要求不敏感，因此微喷带喷灌在传统设施蔬菜种植区较受欢迎。按每畦作物（2 行）铺设微喷带的数量可分为双管微喷带喷灌施肥模式和单管微喷带喷灌施肥模式。所采用的主管直径一般为 110 毫米，支管直径是 35 毫米或 45 毫米，由于微喷带出水量大，传统种植区配套水泵出水量一般在 20~30 米³/小时，一个长100 米、宽 10 米的温室大棚一般需要设置两个轮灌区（图 8-2）。

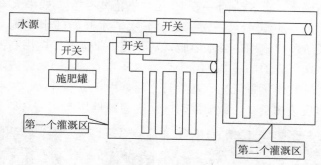

图 8-2　设施菜地微灌示意图

1. 设施黄瓜双管微喷施肥模式应用　黄瓜的生长期分为定植初期、营养生长、坐果期、采收期四个时期。一年两季栽培模式下，秋冬茬定植时间在黄瓜 9 月初左右，营养生长到坐果的时间为一个月左右，坐果到收获需要大约半个月。黄瓜定植后以漫灌的形式灌 2 次定植水，每次灌水量约 40 米³/亩。第三次灌水开始利用微喷带灌水（图 8-3 左），每次灌水量保持在 25 米³/亩左右，每 10 天左右灌水一次，前 4 次灌水不需要随水施肥。从第五次灌水开始随水施肥，在营养生长阶段，施用高氮水溶肥，每亩施用量 10 千克，开花坐果期施用高钾水溶肥，施用量基本相同，在此时期注重钙、硼等中微量元素的补充。冬春季黄瓜前期水肥管理同秋冬季，但在 5 月开始，由于蒸发量增大，灌水时间间隔逐渐缩短，以 5～7 天为宜。

2. **设施茄子单管微喷施肥模式**　实施茄子栽培一般采用一年一季的栽培模式，第一年的 9 月中旬定植到第二年的 6 月中旬拉秧。茄子定植后以漫灌的形式灌 2 次定植水，每次灌水量约 40 米³/亩。第三次灌水开始利用微喷带灌水（图 8-3 右），每次灌水量保持在 20 米³/亩左右，每 10 天左右灌水一次，前 4 次灌水不需要随水施肥。11 月至翌年 3 月期间由于气温低，光照弱，蒸发蒸腾下，每次灌水量 15 米³/亩。灌水间隔以当地气候条件做适当调整，天气晴朗一般 10 天左右灌水一次，如果天气连续阴天，15～20 天灌水一次。从第五次灌水开始随水施肥，在营养生长阶段，施用高氮水溶肥，从开花坐果期开始施用高钾水溶肥，每次每亩地冲施 8～10 千克，并适当通过叶面喷施或随水冲施及时补充中微量元素。在 5 月之后，由于温度升高、生物量加大，蒸发蒸腾量高，微喷灌时间间隔应减低至 5～7 天。

图 8-3　双管（左）和单管（右）微喷带施肥模式实物图

3. **设施番茄滴灌施肥模式应用**　设施番茄一般采用一年两

季种植模式秋冬季番茄在 6 月下旬或 7 月上旬播种育苗，8 月上中旬定植，冬春季番茄在 12 月上中旬播种育苗 1 月下旬或 2 月上旬定植。

　　秋冬季番茄移栽时正值一年中最热的季节，移栽定植时可通过大水漫灌或滴灌交足定植水 60 毫米，定植后 5～7 天再灌水 50 毫米，保证番茄成活率。而后采用滴灌模式，根据番茄长势、天气状况和棚内土壤干旱情况，适时进行灌溉，每次灌溉量 20 毫米，每次灌水间隔 5～8 天（图 8-4）。当第一穗果长至"乒乓球"大小时开始进行灌水追肥，由于前期植株需氮量较小，而此时土壤温度较高，土壤和有机肥矿化能力较强，不追施任何氮肥。当番茄进入第二、三、四穗果实膨大期（10 月）时，由于植株生长较快且果实较多，植株需氮量增大，而此时外界温度逐渐降低，土壤供氮能力减弱，需要进行氮肥追施，每次氮肥追施量定为纯氮 50 千克/公顷。秋冬季番茄一般留 5～7 穗果，如果留 6 穗果，可在第五穗果膨大至第六穗果实膨大期之间（11 月上旬）的追肥纯氮 50 千克/公顷。进入冬季后（11 月至翌年 1 月），外界气温和光照强度逐渐降低，番茄生长速度逐渐减缓，加之农民为保证棚温，开始拉封口、盖草苫，如果灌水较多，放风不及时，棚内湿度过大容易发生病虫害，可根据棚内情况灌溉间隔延长至 10～15 天，每次灌溉 20 毫米。钾肥全部作追肥，每穗果实膨大期各追施 K_2O 80 千克/公顷。

　　冬春茬番茄定植初期，外界温度低，温室内通风较差，在前期应该控制灌水量，降低空气湿度，减少病虫害的发生。移栽后浇足定植水，灌水量约为 60 毫米，20 天后通过滴灌系统每次灌溉量约 20 毫米，10 天左右灌水一次。到 4 月下旬，随着蒸腾蒸发的增大，每次灌水量增至 30 毫米，每 7～10 天灌溉一次，直至收获。在 3 月底至 4 月上旬第二穗果实膨大时需要及时地追肥以满足作物正常生长的需要，追施氮肥纯氮 50 千克/公顷（图 8-5）。此后根据植株长势和天气状况在第三、四、五穗果实膨大期各追肥一次，共追肥 3～4 次，每次追施纯氮 50 千克/公顷。进入 5 月之后，作物的氮素吸收减缓，此时起土壤温度逐渐升高，通过土壤和有机肥的矿化基本能满足其生长，并不需要追肥。钾肥全部作追肥，每穗果实膨大期各追施 K_2O 80 千克/公顷。

秋冬茬

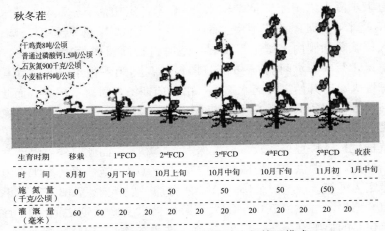

生育时期	移栽	1st FCD	2nd FCD	3rd FCD	4th FCD	5th FCD	收获
时 间	8月初	9月下旬	10月上旬	10月中旬	10月下旬	11月初	1月中旬
施 氮 量（千克/公顷）	0	0	50	50	50	(50)	
灌 溉 量（毫米）	60	60	20	20	20	20	20

图 8-4　秋冬季设施番茄优化水氮管理模式

冬春茬

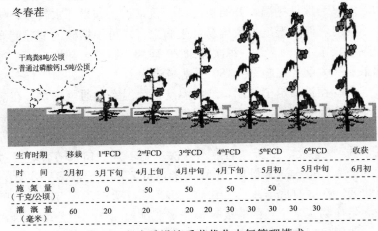

生育时期	移栽	1st FCD	2nd FCD	3rd FCD	4th FCD	5th FCD	6th FCD	收获
时 间	2月初	3月下旬	4月上旬	4月中旬	4月下旬	5月初	5月中旬	6月初
施 氮 量（千克/公顷）	0	0	50	50	50	50		
灌 溉 量（毫米）	60	20	20	20	30	30	30	30

图 8-5　冬春季设施番茄优化水氮管理模式

二、微灌施肥工程应用效果

1. 温室黄瓜施肥投入及效益分析　微灌施肥是将水和肥直接输送到作物根系周围，保证水分和养分快速被根系吸收利用，具有施肥简便、供肥及时、提高水肥利用率等优点。同时减少了肥料流失，有利于生态环境健康。据在设施黄瓜种植中的调查，与传统畦灌相比，微喷灌施肥虽然增加了灌溉设备成本投入，但是微喷灌施肥模式减少 50％ 的化肥用量，化肥投入成本降低近30％，总体利润增加 14％（表 8-5）。

表 8-5　黄瓜经济效益分析（元/亩）

灌溉方式	设备	种子	化肥（追肥）	植保费	人工	电费	有机肥	复合肥（基肥）	销售收入	其他	纯收入
畦灌	—	1 242	2 310	1 106	1 192	624	3 260	730	52 300	3 700	37 000
微喷灌	126	1 184	1 684	1 294	587	400	3 678	707	56 500	4 028	42 000

2. 设施番茄施肥投入及效益分析　通过分析统计 2008—2012 年数据得出，滴灌施肥使每年的化肥（$N + P_2O_5 + K_2O$）投入由漫灌施肥的 5 557 千克/公顷降低到 2 056 千克/公顷，降幅达 63％。同时灌水量由 1 150 毫米降低到 580 毫米（图 8-6）。

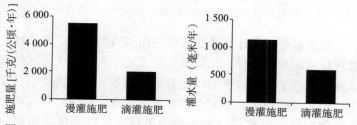

图 8-6　2008—2012 年间不同灌溉施肥模式平均年施肥量和灌水量

水肥投入的大幅降低，并没有导致番茄产量的降低。2008—2011 年期间，漫灌施肥和滴灌施肥平均每季产量分别为74.7 吨/

公顷和 81.1 吨/公顷，滴灌施肥处理显著提高化学氮肥的偏生产力，同时使水肥利用效率增加近 1 倍（表 8-6）。与漫灌施肥相比，2008—2009 年滴灌施肥使经济效益提高 20%以上（表 8-6）。

表 8-6　不同灌溉施肥模式下产量及水肥利用情况

处理	产量［吨/（公顷·季）］	每千克化学氮肥偏生产力（千克）	水分利用效率（千克/米³）	净经济效益［元/（亩·年）］
漫灌施肥	74.7	86.8	14.5	21 707
滴灌施肥	81.1	446	27.7	27 665

滴灌施肥模式显著降低矿质态氮在土壤剖面的累积，土壤 0～100 厘米、100～200 厘米和 200～300 厘米剖面分别显著降低 30%、40%和 41%（图 8-7）。

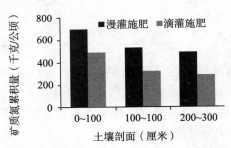

图 8-7　不同灌溉施肥模式对土壤 0～300 厘米剖面矿质态氮累积的影响

氮素表观平衡是评价氮肥合理施用与否的关键，也是优化氮肥管理技术的重要指标。在估算氮素表观平衡时，为了比较客观地反映有机肥矿化所提供的植物有效性氮量，必须考虑有机肥矿化率。借鉴文献报道，本文在计算氮素表观平衡时，将有机肥氮素年矿化率假定为 40%。传统漫灌处理中，番茄氮素吸收量占总氮素输入量的 14%，滴灌处理条件下，番茄氮素吸收量占总氮素输入量显著提高到 32%～35%（表 8-6）。漫灌处理全年氮素表观盈余高达纯氮 1 024 千克/公顷，而与其相比，滴灌处理全年平均氮素表观盈余为纯氮-74千克/公顷（表8-7）；传统漫灌处理中过量的氮素投入并没有增加产量，反而导致土壤中氮素盈余较高，增加了氮素淋洗的风险。

表8-7　2008—2009年两种灌溉体系表观氮素平衡（千克/公顷）

处理	氮素输入					氮素输出		表观氮平衡
	移栽前0~90厘米矿质氮	有机肥	化学氮肥		灌溉水带入氮	作物吸氮量	收获后0~90厘米矿质氮	
			基肥	追肥				
秋冬季								
滴灌施肥	407 a	242	0	163	39	193 a	572 B	-59
漫灌施肥	482 a	242	346	689	43	152 b	1 339 A	166
冬春季								
滴灌施肥	572b	263	0	136	32	257 a	604 b	-16
漫灌施肥	1 339 a	263	303	338	76	246 a	1 039 a	876
全年								
滴灌施肥	407 a	505	0	299	72	450a	604 b	-74
漫灌施肥	482 a	505	649	1 027	119	398a	1 039 a	1 042

注：同列不同小写字母代表0.05水平下差异显著；不同大写字母代表0.01水平下差异显著。

三、微灌施肥系统管理与维护

微灌施肥系统正确的管理与维护是发挥其节水、节肥和高产高效的保障。由于种植者缺乏这方面的培训，在日常应用中经常发生由于缺少管理维护和管理维护不恰当导致整个系统瘫痪而废弃，这也是阻碍这一技术推广的重要原因之一。微灌施肥系统的管理与维护主要包括动力水泵系统、管道系统、过滤系统、出水器系统等的管理与维护。

1. 动力水泵系统的管理与维护　水泵在启动前应进行一次

详细的检查，侧重检查螺钉有无松动现象，根据灌水的水泵，要及时灌满水。水泵在运行过程中要及时检查各种量测仪表是否在规定范围之内，检查水泵有没有漏水和进气的情况，发现问题要及时处理。电机在启动前要检查铭牌所标电压、频率与电源电压是否相符。电机在运行中要及时检查电流和温度值，使之保持在规定范围内。对于安装有变频器或压力罐的恒压供水系统，要特别注意变频器或压力罐的调节，使系统压力维持在设计水头范围之内，并且起到节电的效果。

2. 管道系统运行管理　初次运行，一定要冲洗管道。初次使用时，为了尽量避免污物堵塞，应打开干管、支管和所有主管的尾端进行冲洗，一般要逐条一次清洗。日常运行时为防止水锤，必须缓慢启闭管道上的球阀。开泵前，打开准备灌水管道上的所有排气阀排气，然后开动水泵向灌水的支管缓慢地充水，以防引起水锤；在准备停止灌溉时，要缓慢关闭阀门，以防关闭过快而破坏管道。在灌溉季节要经常对管道系统进行检查维修，做到闸门启闭自如。在灌水结束后，要对管道进行一次全面检查，将暴露在地面上的毛管连同灌水器卷成盘状，运回仓库保存。

3. 施肥系统的管理与维护　压差式施肥罐应用较为简单，先将一定量的肥料放入罐中，再加入水溶解肥料。关闭罐的进水阀，待棚内全部滴头正常灌水 10～20 分钟后，打开罐的进、出水阀，调节调压阀，使施肥速度正常、平稳。要注意防止由于施肥速度过快或过慢造成的施肥不均或施肥不足。文丘里施肥器与微灌系统或灌区入口处的供水管控制阀门并联安装，使用时将文丘里下游控制阀门关小，造成控制阀门前后有一定的压差，使水流经过安装文丘里施肥器的支管，利用水流通过文丘里管产生的真空吸力，将肥料溶液从敞口的肥料桶中均匀吸入管道系统进行施肥。无论是哪种施肥器在肥料施用时都应注意如下事项：①肥料应选择滴灌专用肥或速溶性肥料品种，不能完全溶解的肥料，要先将肥料溶解于水，滤除未溶颗粒后再倒入施肥罐；②施肥后应保持灌溉 15～30 分钟，用以清洗管道中残留的肥料，防止产生化学沉淀堵塞灌水器；③灌溉施肥过程中，若发现供水中断，为防止含肥料的溶液倒流，应尽快关闭施肥罐进水管上的阀门或在施肥上游安装逆止阀。

4. 过滤系统管理与维护　灌溉系统进入运行阶段后，设备维护的重要性绝不亚于设备的选择。因为过滤器并不能解决化学和生物堵塞问题，对水中的化学和生物污物通常采用水体的氯处理和酸处理办法以溶解沉淀和杀死微生物。但该方法会伤及作物根系，剂量过度还会影响压力补偿片的工作性能。另外，在微灌施肥时，先浇清水，后施肥，最后在结束前 15～30 分钟内再浇清水，也可以减少由于肥料化学沉淀和生物堵塞的问题。当水中泥沙含量太多，筛网和沙石过滤器会因频繁冲洗而失去作用。这时设置沉沙池或拦污栅作为初级过滤是十分必要的。过滤器运行前应进行检查，要求各部件齐全、紧固、仪表灵敏、阀门启闭灵活；开泵后排净空气，检查过滤器是否漏水，若有漏水现象应及时处理；对于旋流水沙分离器，在运行期间定时进行冲洗排污；对于筛网、沙石、叠片过滤器，当前后压力表差值接近最大允许值时，必须冲洗排污；对筛网和叠片过滤器，如冲洗后仍接近最大允许值，应取出过滤元件进行人工清洗；对于沙过滤器，反冲洗时应避免滤沙冲出过滤器外，必要时应及时补充滤沙。

5. 灌水器的维护　灌水器堵塞是滴灌系统的主要问题，维护不好可能造成整个系统的瘫痪，必须加强以预防为主的维修养护。在系统的运行管理中，除了定期维修清洗过滤器、定期冲洗管道等预防堵塞的措施以外。还应该经常检查灌水器工作状况并测定其 流量，流量普遍下降是堵塞的第一征兆，应及时处理；加强水质检测，定期进行化验分析，发现问题及时采取相应措施解决。如果灌水器已经发生堵塞可通过加氯进行处理，氯溶于水后有很强的氧化作用，可破坏藻类、真菌和细菌等微生物，使这些物质从灌溉水中清除掉。对于由微生物引起的堵塞用加氯处理是经济有效的方法；另外加酸处理可防止水中可溶性物质的沉淀，或防止系统中微生物的生长，还可以增加氯处理的效果。对灌水器进行化学处理时必须注意到对土壤和作物有一定的破坏和毒害作用，使用不当会造成严重后果，一定要严格按操作规程操作，加氯浓度要控制在 5 毫克/升以下。

【参考文献】

白丹 . 2003. 给水输配水管网系统优化设计研究 . 西安：西安理工大学 .

蔡晓莉，韦顺凡 . 2009. 农业节水灌溉现状及其发展趋势 . 中国农村水利水电（8）：20-21.

丛英娜 . 2007. 自动化控制系统在农田滴灌中的应用 . 农业科技（1）：12-13.

高玉臣 . 2008. 果园全自动化微喷灌技术 . 山西果树（5）：3.

高占义 . 2005. 国外发展节水灌溉经验简介 . 中国科技农业导报（2）.

顾烈烽 . 2005. 滴灌工程设计图集 . 北京：中国水利水电出版社 .

韩立岩，那婉姣，王亮 . 2009. 节水灌溉技术研究 . 现代农业科技（4）.

纪书平 . 2009. 我国节水农业现状与发展建议 . 农技服务，26（7）：127，129.

康跃虎 . 2007. 加快微灌技术推广应用和健康发展的对策和建议 . 第七次全国微灌大会 .

兰才有，李光永 . 2000. 微灌设备（1）. 农业机械（4）：18-20.

李宝珠 . 2006. 增设辅助支管的滴灌系统管网模式探讨 . 新疆农机化（4）：34-35.

李冬光，许秀成，张艳丽 . 2002. 灌溉施肥技术 . 中国沙漠（3）：1-23.

李光永 . 2001. 世界微灌发展态势 . 节水灌溉（2）：24-27.

李久生，等 . 2003. 滴灌施肥灌溉原理与应用 . 北京：中国农业科学技术出版社 .

李英能 . 1998. 我国节水灌溉的现状与发展 . 水利水电科技进展，18（1）：2-7.

李永顺，马存奎，牟日升，等 . 1993. 果树滴灌需水量与灌溉制度试验研究. 灌溉排水，12（2）：15.

栗铁申，彭世琪，等. 2003. 中国节水农业发展战略及技术对策. 北京：中国农业出版社.

刘建英，张建玲，赵宏儒. 2006. 水肥一体化技术应用现状、存在问题与对策及发展前景. 内蒙古农业科技（6）：32-33.

刘洁，魏青松，芦刚，等. 2009. 滴灌带生产线技术的发展概况. 节水灌溉（7）：40-43.

牛锐敏，陈卫平，王春良. 2010. 果园节水技术发展现状. 北方园艺（13）：223-225.

田有国，Hillel Magen. 2003. 灌溉施肥技术及其应用. 北京：中国农业出版社.

王留运，姚宛艳，韩栋，等. 2007. 我国微灌企业与设备产品存在的问题与解决措施. 第七次全国微灌大会.

王留运，叶清平. 2000. 我国微灌节水发展的回顾与预测. 节水灌溉（3）：3-7.

王新坤. 2004. 微灌管网水力解析及优化设计研究. 杨凌：西北农林科技大学.

王新坤，等. 2001. 单井滴灌干管管网的优化设计. 农业工程学报，17（3）：41-44.

王耀琳. 2003. 以色列的水资源及其利用. 中国沙漠（7）：4-23.

吴普特，冯浩. 2005. 中国节水农业发展战略初探，21（6）：152-157.

吴文荣，丁培峰，忻龙祚，等. 2008. 我国节水灌溉技术的现状及发展趋势. 节水灌溉（4）：50-51.

夏敬源. 2008. 灌溉施肥技术具有广阔发展前景. 农资导报.

夏敬源，彭世琪. 2006. 我国灌溉施肥技术的发展与展望. 中国农技推广（5）.

谢洪云，彭智杰，李琳，等. 2006. 滴灌技术在中国樱桃设施栽培中的应用. 山东林业科技（3）：74.

许志方，董文楚. 2004. 论我国喷微灌发展前景和实施建议. 节水灌溉（3）：1-4.

杨开文，等，2007. 山地滴灌造林工程施工技术初探. 新疆农机化，1：57-58.

张承林，等 . 2005. 灌溉施肥技术 . 北京：化学工业出版社 .

张华，吴普特，牛文全 . 2004. 灌溉管网优化研究进展 . 节水灌溉（2）：24-25.

周荣敏，雷延峰 . 2002. 不同灌溉工作制度下的灌溉管网优化设计研究. 西北水资源与水工程，13（2）：1-5.

周晓花，程瓦 . 2002. 国外农业节水政策综述 . 水利发展研究（7）.

BarYosef B. 1995. Fertigated vegetables in arid and semi-arid zones. //Nutrient and fertilizer management in field grown vegetables. IPI Bulletin（13）：54-104.

[第九章]
微灌施肥工程适宜性评价

第一节 微灌施肥工程适宜性评价基本思路与原则

一、微灌施肥工程适宜性评价定义

微灌施肥工程适宜性评价是指某种微灌施肥工程在特定环境和土地利用方式下对某作物的适应状况。其基本原理是在既定环境条件和土地利用方式下，以微灌施肥工程系统各设备作为评价因子，采用科学方法综合分析系统各设备使用的适应性与限制性，以此反映灌溉施肥系统适宜程度、质量高低及其限制因子，从而对灌溉施肥工程分类定级，并对适宜性较差的微灌施肥工程提出改进措施。一般来说，环境条件包括地形、水源和气候等，土地利用方式包括果园、大田、设施栽培等。通过微灌施肥工程适宜性评价可以指导工程设计，也可以对现有工程进行评价，提出改进措施等。

二、基本思路

目前系统设备与环境和农艺措施的不适宜以及设备之间的不匹配是制约微灌施肥推广的主要因素之一。比如，动力与作物需水量和地形不适宜、过滤器选型不适宜系统所用水源、灌水器选型与所对应地形不适宜、动力参数与灌水器出水量不匹配等。为规范现代微灌施肥系统规划，了解现有微灌施肥系统的实际应用效果，发现其中的问题，提出优化措施，结合外部的环境条件、农艺措施和内部的各设备之间的关系，研究提出了微灌施肥系统优化评价框图（图 9-1）。从评价框图可以看到，微灌施肥系统设备与环境之间、设备系统之间存在复杂交错的关系。

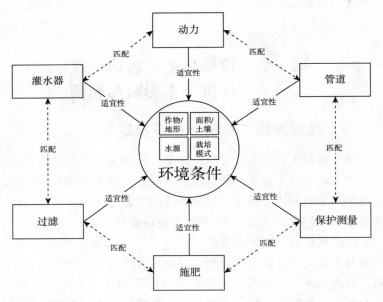

图 9-1 微灌施肥模式优化评价框架示意图

对于微灌施肥工程的评价可分为 3 个层次。第一层为各设备质量是否达标，目前为止针对灌水器、过滤器、管道、水泵等都有相应的国家标准或行业标准可以借鉴和参考。第二层为各设备之间组合是否匹配，是否保证整个系统顺利运行，比如管道、过滤装置与保护测量装置之间的匹配，动力与管道之间的匹配，动力与灌水器之间的匹配，过滤装置与灌水器之间的匹配等。各设备之间不匹配是微灌施肥工程经常遇到的问题，比如目前小农户中推行的滴灌施肥往往存在动力参数与灌水器出水量不匹配问题，水泵出水量过大而导致整个微灌施肥系统废弃的问题。第三层为设备与所处环境条件的适应性问题。由表 9-1 可以看出，各设备对应的环境条件包括地形、作物、水源、土壤质地等。与各设备有关的环境条件即有共性也有个性，比如水泵、管道和过滤系统都与对应的面积有关，除此之外，水泵还跟水源有关，管道与地形有关。从图 9-1 可以看到，微灌施肥系统设备与环境之间、各设备之间关系复杂，既需要考虑设备与所处自然环境的适应性，又必须保证各设备的质量及其之间相互匹配。只有同时满足与环境适宜，设备之间有相互匹配才能算合适的微灌施肥系统。如何同时评价设备与环境是否适宜、各设备组合是否匹配成为微灌施肥工程适宜性评价的关键。以水泵和管道为例，在表 9-1 中水泵和管道都与面积有关。在既定面积下，如果管道与面积、水泵与面积都适宜，那么管道与水泵之间的必然匹配。由此可见，设备与环境之间的适宜性成为评价微灌施肥系统的关键所在。

表 9-1　微灌施肥工程设备与环境条件关系表

微灌施肥工程		环境条件							
		作物	面积	水源动水位	水源类型	地形	土壤质地	作物行距	必备装置
首部枢纽	水泵		＊	＊					
	过滤系统		＊		＊				
	施肥系统		＊						
	保护装置					＊			＊
	量测装置								＊
输水管路	干管		＊						
	主管		＊						
	支管		＊			＊			
	排水井								

（续）

微灌施肥工程		环境条件							
		作物	面积	水源动水位	水源类型	地形	土壤质地	作物行距	必备装置
田间首部枢纽	过滤系统		*		*				
	施肥系统		*						
	保护装置								*
	量测装置								*
灌水器	灌水器间距						*		
	灌水器行距						*	*	
	灌水器流量						*		
	灌水器类型	*				*			

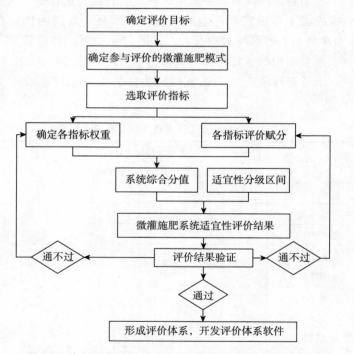

图 9-2 建立微灌施肥模式优化评价技术体系的技术流程

一般来说，要对某一系统进行评价，首先要选取评价指标，而后对确定这些指标所占权重以及指标的量化标准，而后通过合理的计算确定系统的等级，具体流程见图 9-2。最终确立微灌施肥系统评价与模式优化的技术流程如下。

三、微灌施肥系统评价体系建立原则

1. 因地制宜原则　本评价系统不仅仅局限在设备系统的质量好坏的评价，而是围绕所处外部环境（地形、作物等）因地制宜地对某一子系统或设备及其之间组合做出适宜性评价。

2. 统一目标，协调整体与个体之间的关系　在进行复杂系统评价时，往往会发生，各子系统或是单个设备符合标准，但是所有子系统或设备组合在一起时，这个系统并不是最优，甚至有时不能正常运转。为了解决这个问题，在该评价体系中，所有子系统或设备的评价都是建立在同一环境环境条件下。

3. 整体与个体兼顾原则　首先围绕系统进行总体评价，但是当某一子系统或设备严重制约微灌施肥系统运行时，则以该子系统或设备作为限制因子，对整个系统做出评价。

第二节　微灌施肥适宜性评价过程与方法

一、确定参与评价的微灌施肥模式

为了使该评价系统更具有针对性，首先需要确定待评价的微灌施肥模式，在前期调研的基础上，结合实际生产中的使用情况，确定参评微灌施肥系统包括滴灌和微喷灌。

微喷灌施肥是指利用微喷头、微喷带等灌溉设备将有压水送到灌溉地段，将水和肥料以喷洒的方式实施微灌施肥的方式。

滴灌是指利用滴头、滴灌管（带）等灌溉设备，以水滴润湿土壤表面和作物根区的灌水施肥方式。

二、评价指标体系的构建

参评因子的选取是微灌施肥工程评价的基础，它直接影响评价结果的可靠性和准确性。参评因子选取应遵循的以下几点原则：①选取评价区内差异较大，相关性较小的因子：比如在评价管道对灌溉施肥系统的影响时，管道的流量和管径是直接相关的两个指标，那么在选取参评指标时仅考虑一个即可。②选取那些对微灌施肥工程起主导作用的因子：比如在评价灌溉水源水质对灌溉施肥系统的影响时，要考虑的因素很多，包括悬浮固体物、硬度、不溶固体物、pH、Fe 和 Mn 含量等都会对灌水器的堵塞有所影响，在本评价系统中仅仅选取了对堵塞起主导作用的不溶物含量和硬度来评价灌溉水的水质。③要考虑数据的可得性，为实现定量评价，尽可能选择可测量的因子，同时还要考虑国家当前的水、肥资源利用与管理的相关政策，如提高资源利用率等。④微灌施肥工程中的各因素有定量和定性因素之分，评价因子应该尽量选择可量化的因素，以减少主观成分对评价结果的影响。根据以上原则，结合微灌系统组成，确定参评指标包括：水源—动力系统、输水管道系统、施肥系统、过滤系统、灌水器和保护测量系统。在每一系统下，根据各自特点，选取 2～4 项指标作为二级指标，为了使评价更有针对性，在某些二级指标下，又选取了 2～3 项作为三级指标来进行微灌施肥系统的评价，详见图9-3。

三、微灌施肥系统评价指标权重的确定

1. 权重确定方法及步骤 在权重确定方面，主要方法有专家分析法和层次分析法。专家分析法，又称特尔菲（Delphi）测定法，是一种定性与定量研究相结合的方法，最突出的优点在于它能对于大量非技术性的无法定量分析的因素作出概率估算，并将概率估算结果告诉专家，充分发挥信息反馈和信息控制的作

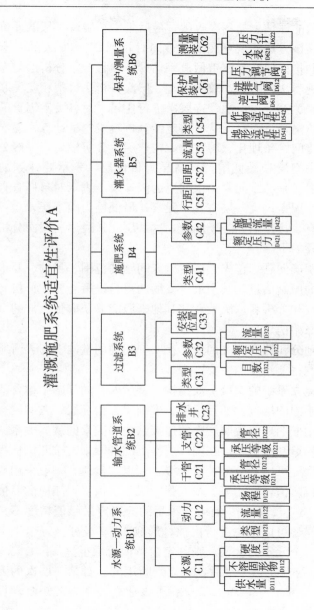

图9-3　微灌施肥工程适宜性评价指标体系

用，使分散的评估意见逐次收敛，最后集中在协调一致的评价结果上。但是该方法的缺点在于很难同时找到 20～30 人的专家为鉴定因素的指标值及其权重做概率估计，并且专家分析法受专家的个人主观看法影响大，较为主观。层次分析法可把相互关联的因素按隶属关系分出层次，逐层次进行比较，对各关联因素的相对重要性给出定量指标，从而将定性分析转成定量计算。层次分析法要求将问题条理化、层次化，构建层次分析模型，一般分为最高层、中间层和最低层。最高层为目标层，表示要达到的目的，这一层只是一个元素；中间层为因素层，表示对目标有直接影响的重要因素；这一层有几个元素；最低层为因子层，表示对各个因素有直接影响的若干因子，这一层元素最多。层次分析法的基本步骤如下。

(1) 明确问题　首先弄清楚研究问题的范围、目的、要求和所能掌握的原始信息，其中最主要的两点是决策者要求分析者回答什么问题和分析者从决策者和其他来源能够获取什么样的资料和数据等原始信息。

(2) 划分和选定有关因素　在明确问题的基础上，弄清所要决策的问题将要涉及的主要因素。

(3) 建立系统的递接层次结构　将所面临的问题中包含的因素划分为不同的层次，如目标层、准则层、指标层、方案层、措施层等，用框图形式说明层次的递接结构和因素的从属关系。

(4) 构造判断矩阵　在同一层次上的各因素，按照优良程度或重要性程度可以划分为若干等级，赋以定量值。一般采用 5 级定量法进行赋值，即相等、弱、强、很强、极强，相应的赋值也可以是 1、3、5、7、9。有时候采用的 5 级定量赋值精度不是很高，有时候还可以考虑进行内插，形成 1～9 级分级。至于一个元素比另一个元素为次要，则其定量赋值可取上述 1、3、5、7、9 的倒数。进行定量分级后，建立判断矩阵。对某一层次的因素比如有 A_1，A_2，$\cdots$，A_n，于是就可以建立一个判断矩阵，见表

9-2。矩阵中的赋值 a_{ij} 表示甲因素对乙因素的重要程度的赋值。这些赋值的根据或者来源，可以是由决策者直接提供，或由决策者同分析者对话来确定，或由分析者通过各种技术咨询获取，或者通过其他合适的途径来酌定。

表 9-2　判断矩阵

甲 乙	A_1	A_2	...	A_i	...	A_n
A_1	a_{11}	a_{12}	...	a_{1i}	...	a_{1n}
A_2	a_{21}	a_{22}	...	a_{2i}		a_{2n}
...		...			...	
A_i	a_{i1}	a_{i2}	...	a_{ii}		a_{in}
...		...			...	
A_n	a_{n1}	a_{n2}	...	a_{ni}		a_{nn}

　（5）检验判断矩阵的一致性并修正判断矩阵　第一步求出检验的体验指标 CI $[CI=(\lambda_{\max}-n)/(n-1)]$，其中 n 为判断矩阵的维数；$\lambda_{\max}$ 为判断矩阵的最大特征值。第二步：求出平均随机一致性指标 RI，单层次判断矩阵的平均一致性指标随矩阵的维数而变动，取值如表 9-3。第三步：求出相对一致性指标 CR $[CR=CI/RI]$，CR 值小于 0.1 则一致性好；如果大于 0.1 则不好，需要重新调整判断矩阵。

表 9-3　随机一致性指标取值

矩阵维数	1	2	3	4	5	6	7	8	9
RI	0	0	0.58	0.90	1.12	1.24	1.32	1.41	1.45

　（6）确定各层中各因素的优先次序　在通过一致性检验后的判断矩阵基础上就可以得到表征各个因素 A_1，A_2，…，A_n 优先

次序的权系数。

2. 微灌施肥系统指标权重确定 为获得各参评指标的权重，设计了灌溉施肥系统各因子权重调查问卷，目的在于确定各灌溉施肥系统中各指标的相对权重，为评价该灌溉系统的适宜性奠定基础。问卷根据层次分析法的形式设计，基本思想就是将组成复杂问题的多个影响因子进行两两比较，衡量尺度分为 5 个等级，分别为绝对重要、十分重要、比较重要、稍微重要、同等重要。例如，影响灌溉施肥系统适宜性的 6 种因素中，如果认为 B1（水源—动力系统）比 B2（输水管道系统）比较重要，就在对应的"比较重要"一栏内填写"B1"；相反如果 B2（输水管道系统）比 B1（水源—动力系统）稍微重要，就在相应的"稍微重要"内填写"B2"；如果两者同等重要，就在相应的"同等重要"一栏填写 B1B2（表 9-4）。调查表完成之后，按照上述权重确定方法及步骤计算各指标对应的权重数值。在一般情况下，权重数值越大表示该指标对微灌施肥系统的适应性影响越大。但在一些极端情况下，比如输水管道系统管径严重小于合适管径时，此时管径成为该系统是否正常运行的限制因素。由于极端条件的存在对微灌系统的影响在下一节参评因子量化值中加以限定。C层及以下各指标也同样进行两两比较，计算各指标权重。

表 9-4 灌溉施肥系统指标 B 层评价

比较因子		绝对重要	十分重要	比较重要	稍微重要	同等重要
水源—动力系统 B1	输水管道系统 B2					
水源—动力系统 B1	过滤系统 B3					
水源—动力系统 B1	施肥系统 B4					
水源—动力系统 B1	灌水器系统 B5					
水源—动力系统 B1	保护/测量系统 B6					
输水管道系统 B2	过滤系统 B3					

（续）

比较因子		绝对重要	十分重要	比较重要	稍微重要	同等重要
输水管道系统 B2	施肥系统 B4					
输水管道系统 B2	灌水器系统 B5					
输水管道系统 B2	保护/测量系统 B6					
过滤系统 B3	施肥系统 B4					
过滤系统 B3	灌水器系统 B5					
过滤系统 B3	保护/测量系统 B6					
施肥系统 B4	灌水器系统 B5					
施肥系统 B4	保护/测量系统 B6					
灌水器系统 B5	保护/测量系统 B6					

四、制定参评因子量化标准

在确定各参评指标后，要对微灌施肥系统进行总体评价，还要制定各参评因子的量化标准，以对某一因子进行量化评价。量化标准分为适宜、一般适宜、临界适宜和不适宜四级。适宜表示该部分的选择非常适合本地区的现实情况，并且设备组合之间非常完善，在使用过程中非常顺利，并且能够达到资源高效利用的目的；一般适宜表示该部分的选择与现实环境和条件比较符合，设备之间组合基本合理，在使用过程中运行顺利，对提高资源利用率有一定作用；临界适宜是指该部分的选择与本地区的现实条件基本符合，设备能够保证系统正常运行，可以完成微灌施肥操作；不适宜是指该部分的选择不适合本地区的环境情况或者限制整个微灌施肥工程的正常运行，如果不对该部分进行优化，则不能完成微灌施肥任务。对每一项指标的适宜级别进行量化，采用5分制，具体为适宜基本得5分、一般适宜得3分、临界适宜得2分和不适宜为0分。因子量化标准需要结合环境条件，经专家反复讨论修订制定。

五、微灌施肥工程评价方法与分值区间

目前常用的评价方法有加权指数和法、主成分分析法、关联度分析法、聚类分析法、物元分析法等。根据微灌施肥工程的特点，本研究选用了加权指数法与极限条件法相结合的方式来进行评价。

加权指数和法是最经典的、最常采用的评价方法。加权指数和法是在确定各参评因子权重的基础上，将每个单元针对各不同适宜类所得到各参评因子等级指数分别乘以各自的权重值，然后进行累加分别得到每个评价单元的适宜类和适宜级别。具体计算公式如下：

$$P = \sum P_i * R_i \quad (i=1,\ 2\cdots n)$$

式中 P 为某个微灌施肥工程的综合得分；

P_i 为对应微灌施肥工程第 i 个参评指标的权重；

R_i 为对应微灌施肥工程第 i 个参评指标的等级指数。

极限条件法是指当某一因子强烈的限制灌溉施肥工程的适宜性时，应根据这一因子的限制状况进行评定。即只要评价单元的某一参评指标值为不适宜时（等级指数为 0），不论综合得分多高，都定为不适宜灌溉方式。

具体评价分 2 步，首先采用极限条件法对每一个指标进行评定，如果存在"指标量化值＝0"的情况，则确定该工程为不适宜，需要优先对这些指标进行整改，之后再进一步评价。当所有指标均不存在等于 0 的情况下，再进一步计算加和指数，根据指数大小，确定适宜级别的分值区间。

通过加权指数和法计算某一微灌施肥工程在该条件下的得分值，结合极限条件法确定该条件下的适宜微灌施肥方式和适宜级别。根据前期研究和应用验证，确定工程的适宜级别分值区间如下。

4.5～5.0 适宜等级，说明被评价工程非常适宜所在地区的地形、作物、土壤、气候等，能够达到合理灌溉施肥，水肥资源高效利用的目的。

3.5～4.5 一般适宜，说明被评价工程适宜当地的地形、作物、土壤和气候等，系统能够正常运转，提高资源利用率有一定作用。

2.0～3.5 临界适宜，说明被评价工程可以用在当地的地形、作物、土壤和气候条件下，能够完成微灌施肥，保障作物正常生长。

2.0 以下或者有因子的得分为 0 时，不适宜，说明该工程存在明显的限制因素或者不适宜当地的地形、作物、土壤和气候等，不能完成正常的微灌施肥。

在具体应用中，微灌施肥工程设备选型在对应环境条件下，如果每一部分的选型和参数都适宜，那么它们之间的组配就会是最优状态，如果微灌施肥工程得分低，就要找出打分为零或者打分低的指标，然后根据模式优化框图，针对特定的设备进行调整或更换，实现对微灌施肥模式的优化配置。

第三节 微灌施肥工程模式优化 评价指标体系

一、评价指标体系的构建

根据微灌施肥系统的组成，遵循参评因子选取原则，将微灌施肥系统分为 6 大亚系统，分别为水源—动力系统、输水管道系统、过滤系统、施肥系统、灌水器系统和保护/测量系统。在每一系统下，根据各自特点，选取 2～4 项指标作为二级指标，为了使评价更有针对性；在某些二级指标下，又选取了 2～3 项作为三级指标来进行微灌施肥系统的评价，具体的参评指标结构见表 9-5。

表 9-5 微灌施肥模式优化评价指标体系

一级指标 B	二级指标 C	三级指标 D
水源—动力系统 B1	水源 C11	水源供水量 D111
		不溶固形物 D112
		硬度 D113
	动力 C12	类型 D121
		扬程 D122
		流量 D123
输水管道系统 B2	干管 C21	材料性能 D211
		管径 D212
	支管 C22	材料性能 D221
		管径 D222
	排水井 C23	
过滤系统 B3	类型 C31	
	工作参数 C32	过滤目数*D321
		额定压力 D322
		过滤流量 D323
	安装位置 C33	
施肥系统 B4	类型 C41	
	工作参数 C42	额定压力 D421
		施肥流量 D422
	安装位置 C43	
灌水器系统 B5	间距 C51	
	行距 C52	
	流量 C53	
	类型 C54	地形适宜性 D541
		作物适宜性 D542

（续）

一级指标 B	二级指标 C	三级指标 D
保护/测量系统 B6	测量装置 C61	水表 D611
		压力计 D612
	保护装置 C62	逆止阀 D621
		进排气阀 D622
		压力调节阀 D623

＊表示离心式过滤器不考虑此指标下同。

二、微灌施肥系统评价指标权重的确定

在对专家问卷调查的基础上，采用层次分析法确定了微灌施肥系统评价各参评因子的权重，见表 9-6。

表 9-6　微灌施肥系统各参评因子权重汇总表

目标	一级指标 B	权重	二级指标 C	权重	三级指标 D	权重	对目标权重
微灌施肥模式适宜性评价	水源—动力系统	0.344 0	水源	0.500	水源供水量	0.691 0	0.118 9
					不溶固形物	0.217 6	0.037 4
					硬度	0.091 4	0.015 7
			动力	0.500	类型	0.100 5	0.017 3
					扬程	0.466 5	0.080 2
					流量	0.433 0	0.074 5
	输水管道系统	0.102 4	干管	0.444 4	材料性能	0.250 0	0.011 4
					管径	0.750 0	0.034 1
			支管	0.444 4	材料性能	0.250 0	0.011 4
					管径	0.750 0	0.034 1
			排水井	0.111 1			0.011 4

（续）

目标	一级指标 B	权重	二级指标 C	权重	三级指标 D	权重	对目标权重
微灌施肥模式适宜性评价	过滤系统	0.268 3	类型	0.157 1			0.110 7
			工作参数	0.249 3	过滤目数	0.673 8	0.047 0
					额定压力	0.100 7	0.007 0
					过滤流量	0.225 5	0.015 7
			安装位置	0.593 6			0.087 9
	施肥系统	0.109 5	施肥器类型	0.250 0			0.027 4
			工作参数	0.750 0	额定压力	0.200 0	0.016 4
					施肥流量	0.800 0	0.065 7
	灌水器系统	0.120 5	灌水器类型	0.484 5	地形适宜性	0.666 7	0.038 9
					作物适宜性	0.333 3	0.019 5
			灌水器行距	0.109 4			0.013 2
			灌水器间距	0.109 4			0.013 2
			灌水器参数	0.296 4			0.035 7
	保护/测量系统	0.055 4	保护装置	0.750 0	逆止阀	0.614 4	0.025 5
					进排气阀	0.117 2	0.004 9
					压力调节阀	0.268 4	0.011 2
			测量装置	0.250 0	水表	0.333 3	0.004 6
					压力计	0.666 7	0.009 2

三、微灌施肥系统参评指标量化标准

为了使各微灌施肥模式优化评价更客观，同时使各灌溉施肥系统之间的评价具有可比性，需要对上述提出的各参评指标提出量化标准，确定其适宜等级。经过 3 次邀请该方面专家，召开讨论会，反复修订，确定量化标准见表 9-7、表 9-8、表 9-9。

表 9-7 微灌施肥工程评价与优化体系评价指标量化标准

一级指标	二级指标	三级指标	评价标准	分值	备 注
水源—水泵系统	水源	供水量	水源类型为供水稳定的江、河、湖泊和水库时	5	水源为塘坝、井水和水窖等为水量有限水源时，根据当地已有资料分析供水能力，如缺少参考资料，需通过试验分析计算供水能力。最大灌水定额计算参照 GB/T 50085—2007 喷灌工程技术规范 公式 4.3.2-2 基础上乘以湿润系数
			单次水源供水量大于微灌系统对应面积最大灌水定额需水量	5	
			水源供水量在最大灌水定额的 80%～100%	3	
			小于单次灌溉面积灌水定额的 80% 或年供水量不能满足作物水分需求	0	
		不溶固形物	符合 GB 5084—2005 农田灌溉水质标准，且悬浮固体物小于 50 毫克/升（澄清无沉淀无漂/悬浮物）	5	悬浮物和硬度指标参照 GB/T 50485—2009 制定
			符合 GB 5084—2005 农田灌溉水质标准，且悬浮固体物含量大于 50 毫克/升，小于 100 毫克/升（澄清、沉淀和悬浮物较少）	3	
			符合 GB 5084—2005 农田灌溉水质标准，且悬浮固体物含量大于 100 毫克/升（浑浊、沉淀和/或悬浮物较多）	2	
		硬度	符合 GB 5084—2005 农田灌溉水质标准，且硬度小于 150 毫克/升（以 $CaCO_3$ 计）	5	
			符合 GB 5084—2005 农田灌溉水质标准，且硬度为 150～300 毫克/升	3	
			符合 GB 5084—2005 农田灌溉水质标准，且硬度大于 300 毫克/升	2	

（续）

一级指标	二级指标	三级指标	评价标准	分值	备　注
水源—水泵系统	水泵	设备类型	动力类型与规模匹配度高	5	（轮灌区）灌溉面积小的情况下（小于5亩），适合用变频泵或汽柴油机
			动力类型与规模匹配中	3	
			类型与规模匹配低	2	
		流量	工频条件下，定频泵在工程所对应扬程额定流量大于工程流量150%	0	工程流量计算参照GB/T 50085—2007
			工频条件下，定频泵在工程所需扬程定频泵额定流量为工程流量120%～150%	2	
			工频条件下，泵额定流量在工程流量90%～120%	5	
			工频条件下，泵额定流量在工程流量的小于工程流量的90%；且大于最小设计流量	2	
			工频条件下，泵额定流量小于小于最小设计流量	0	
		扬程	工频条件下，泵的额定扬程在工程设计扬程的150%以上	0	工程扬程计算参见《微灌工程技术规范》（GB/T 50485—2008）
			工频条件下，泵的额定扬程在工程设计扬程120～150%	3	
			工频条件下，泵的额定扬程在工程设计扬程90%～120%	5	
			工频条件下，泵的额定扬程在工程设计扬程80%～90%	2	
			工频条件下，泵的额定扬程在工程设计扬程80%以下	0	

（续）

一级指标	二级指标	三级指标	评价标准	分值	备　注
输水管道系统	管道（干管和支管）	压力等级	压力等级大于相应位置工程设计压力	3	
			压力等级符合相应位置工程设计压力要求	5	
			压力等级小于相应位置工程设计压力要求	0	
		管径	管径大于设计流量所需管径的150％	2	工程设计流量计算参照GB/T 50085—2007；某一管径对应流量按 $D = \mathrm{sqrt}(354 \times Q/V)$ 计算，其中 Q 表示设计流量（米^2/小时）；D 表示管道直径（毫米）；V 表示流速（塑料硬管取1.25米/秒）
			管径为设计流量所需管径120％～150％	3	
			管径为设计流量所需管径95％～120％	5	
			管径为设计流量所需管径80％～95％	2	
			管径小于设计流量所需管径80％	0	
		布局	管道布局合理 平原地区：管道为直线，上下级管道互相垂直，上级管道布置在地块中间，向两边分水，末级管道一般与耕作方向相一致。	5	
			管道布局不合理 山丘地区：末级管道（支管或毛管）一般沿等高线布置，避免走逆坡。在使用有压力补偿功能的灌水器时，可按照作物种植方向布置毛管，不必考虑等高的问题。	0	

（续）

一级指标	二级指标	三级指标	评价标准	分值	备　注
输水管道系统	排水井		管道所处环境最低温度在冰点以下地区，没有管道所处环境最低温度在冰点以下地区，有，但位置不在管道最低点，0分	0	
			管道所处环境最低温度在冰点以上地区，没有管道所处环境最低温度在冰点以下地区，有，且位置在管道最低点	5	
			有，且位置在管道最低点	5	
过滤系统	布局		合理	5	沙过滤器或离心过滤器通常安装在首部枢纽，在叠片或筛网过滤器上游；叠片或筛网过滤器安装在施肥系统下游
			不合理	0	不合理的情况：叠片或筛网过滤器在沙或离心过滤器上游；或者叠片或筛网过滤器在施肥系统上游
	过滤器选型		根据水源不同		

（续）

一级指标	二级指标	三级指标	评价标准	分值	备 注
过滤系统	工作参数	过滤目数	在灌水器为滴头或微喷头时，过滤器孔径大于80~120目； 在灌水器为喷灌带时，灌溉水含沙时，采用离心过滤器；含有有机物时，采用沙过滤器；在水源不含沙和有机物时，可不过滤	5	过滤目数评价以最接近灌水器的过滤器为准，一般为筛网和叠片过滤器
			不符合以上情况	0	
		额定压力	工作额定压力符合所安装管道设计压力	5	
			工作额定压力小于所安装管道的设计压力	3	
			工作额定压力大于所安装管道的设计压力	0	
		过滤流量	过流量大于设计流量120%	3	
			过滤器流量为对应管道设计流量的90%~120%	5	
			过滤器流量为对应管道设计流量70%~90%	2	
			过滤器流量小于对应管道设计流量70%	0	

（续）

一级指标	二级指标	三级指标	评价标准	分值	备注
施肥系统	施肥器选型		选择施肥泵作为施肥装置；对于小型农户种植的蔬菜大棚，施肥不需要非常精确时，使用压差式施肥罐；面积小于10亩，选择文丘里施肥器	5	
			面积大于10亩，使用文丘里施肥器	2	
			需要精确施肥的种植模式，使用压差式施肥器	0	
			无外源动力情况下，安装动力注肥泵	0	
			无施肥器	0	
	工作参数	工作压力	安装位置管道设计压力在其工作压力范围	5	
			安装位置管道设计压力在最高工作压力100%～120%	2	
			安装位置管道设计压力大于最高工作压力的120%或小于最小工作压力	0	
		注肥量	施肥器最大流量大于系统设计流量的0.2%，小于4%	5	
			施肥器标注最大流量不足系统设计流量的0.1%～0.2%	3	
			施肥器最大流量不足系统设计流量的0.1%	0	
			施肥器最小流量大于系统流量的4%	0	

（续）

一级指标	二级指标	三级指标	评价标准	分值	备　注
灌水器系统	间距		湿润比为100%的微喷灌符合 GB/T 50085—2007 标准规定的喷头间距；滴灌及所需湿润比小于100%的微喷灌按湿润比评价，湿润比达到 GB/T 50485—2009 规定	5	GB/T 50085—2007 喷灌工程技术规范； 　湿润比为 100%的微喷灌按 GB/T 50085—2007 喷头间距评价；滴灌和湿润比小于 100%的按 GB/T 50485—2009 标准评价； 　湿润比为灌溉湿润面积与灌水器行距和株距乘积之比
			微喷灌小于 GB/T 50085—2007 规定的标准，或者湿润比为标准 GB/T 50485—2009 规定湿润比 80%～100%	3	
			间距大于 GB/T 50085—2007 规定或者小于所需湿润比 80%	0	
	行距		湿润比为100%的微喷灌和喷灌符合 GB/T 50085—2007 标准；在湿润比小于100%的作物上，以作物行距作物灌水器行距	5	
			所需湿润比为100%的灌溉，行距大于 GB/T 50085—2007 规定	2	
	流量		微喷灌灌溉强度小于土壤允许灌溉强度	5	灌溉强度计算参见 GB/T 19795.2—2005； 　不同质地土壤允许灌溉强度参见 GB/T 50085—2007
			微喷灌灌溉强度为土壤允许灌溉强度的100%～120%	3	
			微喷灌灌溉强度大于土壤允许灌溉强度的120%	2	
	类型		见表 9-8 灌水器类型评价指标量化表		

（续）

一级指标	二级指标	三级指标	评价标准	分值	备 注
保护/测量系统	保护装置	逆止阀	有，且数量足够，位置在水泵出口处	5	根据田间规划图判断各保护和测量装置是否合适
			无，或数量不足，位置不正确	2	
		空气阀	有，且位置在首部高处、管道起伏的高处、逆止阀上游均要安装，一般每 300 米需要安装一个空气阀	5	在首部最高处、管道起伏的高处、逆止阀上游均要安装；进排气阀的直径应以管道直径的 1/4 确定
			无或数量不足或位置不正确	2	
		压力调节阀	有，且数量足够，施肥器前后、轮灌区田间首部	5	
			无，或数量不足，位置不正确	2	
	测量装置	压力表	有，且数量足够，过滤器前后、主管、支管	5	主管、支管以及过滤器两端都需要安装压力表
			无，或数量不足，位置不正确	2	
		水表	有，除了在主管上安装水表外，在每一轮灌区也要安装水表	5	除了在主管上安装水表外，在每一轮灌区也要安装水表
			无	3	

表 9-8　过滤器选型评价指标量化表

水源状况		有机物含量		
		无漂/悬浮物 （有机物＜50 毫 克/千克）	较少漂/悬浮物 （有机物含量50～ 100毫克/千克）	较多漂/悬浮物 （有机物含量大于 100毫克/千克）
无机物含量	水源澄清无沉淀（无机物含量小于10毫克/升）	滴灌和微喷头喷灌：D=5；B+D=3；C+D=3；B+C+D=3 喷灌带：全部5分	滴灌和微喷头喷灌：D=3；B+D=3；C+D=5；B+C+D=3 喷灌带：有C即得5分，无C得3分	滴灌和微喷头喷灌：D=0；B+D=0；C+D=5；B+C+D=3 喷灌带：有C即得5分，无C得0分
	有较少沉淀（无机物含量10～100毫克/升）	滴灌和微喷头喷灌：D=3；B+D=5；C+D=3；B+C+D=5 喷灌带：有B得5分，无B得3分	滴灌和微喷头喷灌：D=3；B+D=3；C+D=3；B+C+D=5 喷灌带：有C得5分，无C得3分	滴灌和微喷头喷灌：D=0；B+D=0；C+D=5；B+C+D=5 喷灌带：有C即得5分，无C得0分
	沉淀较多（无机物含量大于100毫克/升）	滴灌和微喷头喷灌：D=0；B+D=5；C+D=5；B+C+D=3 喷灌带：有B得5分，无B得0分	滴灌和微喷头喷灌：D=0；B+D=3；C+D=5；B+C+D=5 喷灌带：有C得5分，有B得3分，无C既无B得0分	滴灌和微喷头喷灌：D=0；B+D=0；C+D=3；B+C+D=5 喷灌带：C或者B+C得5分，其他0分

注：过滤器选型和组合分为如下几种情况：A. 无；B. 离心过滤器；C. 沙过滤器；D. 筛网/叠片过滤器。滴灌和微喷头喷灌如果无D，即得0分。

表 9-9　灌水器类型评价指标量化表

二级指标	分值指标	类型	微喷灌		滴灌		
			微喷头	喷灌带	薄壁滴灌带	内镶式滴灌管	管上补偿式滴头
地形		山地	5	2	3	5	5
		平原	5	5	5	5	3
作物	蔬菜	果菜类	3	3	5	5	0
		叶菜类	5	5	1	1	0
		根菜类	5	5	5	2	0
	果树	木本果树	5	3	2	5	5
		草本果树（浆果）	3	3	5	5	5
	大田	玉米	0	5	5	5	0
		小麦	0	5	0	0	0
		棉花	0	0	5	3	0
		花生	0	0	5	3	0

第四节　微灌施肥系统适宜性
评价计算机系统开发

随着信息技术的飞速发展，计算机被广泛应用于各种数据处理和信息管理中。微灌施肥工程系统评价过程主观性强，涉及数据量大，手工处理出错率高，出错后不易更改。采用计算机系统评价可有效避免以上问题，使评价更准确客观。微灌施肥工程技术评价软件是一套集工程评价和后台管理于一体的管理系统。该系统根据微灌施肥工程技术评价的基本思路和原则整合了微灌施肥工程技术评价体系方法中的所有内容，使用本系统可以方便地对某个微灌施肥工程技术进行评价，给出相应的评价结论，并且对存在重大问题的微灌施肥工程提出问题所在，有利于系统的完善。为了更好地适应不同地区的微灌施肥工程，系统提供了参评指标权重的修订和参评因子量化标准的修订等后台管理功能。

一、系统的设计思路

1. 系统开发基础 微灌施肥工程适宜性评价系统是在既定环境条件和土地利用方式下，以微灌施肥工程系统各设备作为评价因子，采用科学方法和综合分析系统各设备使用的适应性与限制性，以此反映微灌施肥系统适宜程度、质量高低及其限制因子，从而对微灌施肥工程分类定级，并对适宜性较差的微灌施肥工程提出改进措施。工程评价系统涉及有水源—动力系统、输水管道系统、过滤系统、施肥系统、灌水器系统和保护/测量系统6个子系统等。

2. 系统需求分析 微灌施肥工程适宜性评价软件结合气候、作物、土壤等外部因素及各设备之间相互关系工程对工程系统进行综合评价，主要是为了帮助用户了解掌握微灌施肥工程的设计及已有工程的质量及运行可靠性等状况。本系统的参与者根据具有的权限不同分为普通用户和管理员用户。下面是系统几个比较关键的部分。

（1）系统管理 管理员用户具有用户管理、设置参评指标、指标权重和修订参评因子量化标准等功能。

（2）专家调查表编辑 用户登录系统后，编辑行业专家填写的灌溉农田基本情况调查表和微灌施肥工程调查表。

（3）系统评价 选择编辑好的调查表，系统自动对照微灌施肥工程评价与优化体系评价指标量化标准，通过该体系计算得出灌溉施肥工程各部分和总体的适宜级别，并给出优化建议，并可以打印评价结论。

（4）查询打印 用户可以查询浏览以往的微灌施肥工程系统，也可以打印系统评价系统结论。

3. 系统数据库建立　根据需求分析，系统数据库满足以下几个方面的需要。

（1）满足系统涉及数据信息的要求　微灌施肥工程评价系统中的数据库系统主要包括以下几方面的数据：用户信息、行业专家微灌施肥工程项目调查信息、系统基本运行参数信息、微灌施肥工程评价结果等。经过对上述数据内容的分析，数据信息可分为两类：一类是相对独立的数据，另外一类是相互之间有关联的数据。

在涉及的信息数据中，用户信息和系统基本运行参数要求系统具备一般的增加、删除、修改等基本的编辑功能，此信息相对独立；行业专家微灌施肥工程项目调查信息和微灌施肥工程评价结果信息之间有关联，此类数据表之间应建立触发器，使数据在删除、更新操作时保持其完整性。

（2）满足数据信息的管理和扩充　数据信息管理包括管理人员对系统参数的管理和对操作人员的管理。在对数据管理方面，系统除了应提供数据信息的压缩、备份等功能外，还提供数据表结构管理。数据表结构管理是指增加新表、修改已有表结构和删除旧表。随着微灌施肥工程建设标准的不断完善，增加新表功能也是为了方便系统扩充的一种方式。本系统允许用户建立新表并可根据需要决定是否与本系统的原有数据表建立连接。

4. 系统开发模式　鉴于系统使用的地点大部分是农村，相对来说农村的网络发展还处于初级阶段，不够完善。因此系统采用 Winform 开发模式，系统可以单机操作，也可以联网进行基础数据的更新，单机系统的数据在联网状态下，能够上传到服务器中进行保存。Winform 开发模式在支持插件化应用开发、动态配置及加载开发的插件、菜单支持动态配置、根据用户权限进行动态控制显示、集成各种独立开发好的模块，实现系统的权限控制、可重复使用的系统基础模块，分页控件和 .NET 开发公用类库等方面 Winform 系统界面代码，开发更高效，框架界面基类也进行统一封装，使用更方便，效果更统一。

5. 系统开发环境

(1) 操作系统　操作系统目前主要分为 Windows、Linux 系统两大体系，Windows 系统安装容易，图形化界面，在中小企业应用较多，因此本系统开发是在基于 Windows 系统下，可以在 Windows7、Windows8 环境下运行。

(2) 开发语言与工具　对需要在 Windows 平台上运行的软件，可供选择的开发语言与工具非常丰富。NET Framework 是由微软开发，一个致力于快速应用开发平台无关性和网络透明化的软件开发平台，NET Framework 框架的目的是便于开发人员更容易地建立 Web 应用程序和 Web 服务，使得 Internet 上的各应用程序之间，可以使用 Web 服务进行沟通。从层次结构来看，NET 框架又包括三个主要组成部分：公共语言运行时、服务框架和上层的两类应用模板——传统的 Windows 应用程序模板（Win Forms）和基于 ASP NET 的面向 Web 的网络应用程序模板。Visual Studio 是微软公司推出的开发环境。是目前最流行的 Windows 平台应用程序开发环境。Visual Studio 可以用来创建 Windows 平台下的 Windows 应用程序和网络应用程序，也可以用来创建网络服务、智能设备应用程序和 Office 插件。支持开发面向 Windows7 的应用程序。本系统采用 Visual Studio. net 2010 作为开发工具，Visual Basic. net 作为开发语言。

(3) 数据库系统　SQL Server 是微软公司提供的一个全面的、集成的、端到端的数据解决方案，拓为企业中的用户提供了一个安全、可靠和高效的平台，用于企业数据管理和商业智能应用。SQL Server 为信息工作者带来了强大的、熟悉的工具，同时减少了在移动设备到企业数据系统的多平台长创建、部署、管理及使用企业数据和分析应用程序的复杂度。通过全面的功能集、现有系统的集成性以及对日常任务的自动化管理能力，SQL Server 为不同规模的企业提供了一个完整的数据解决方案。因为

asp. net 和 SQL Server 都是微软公司的产品，具有更好的兼容性，因此本系统采用的是 SQL Server2008 数据库系统。

二、系统组成与功能

1. 系统组成 　根据系统需求分析，即可进行系统模块设计，也就是系统的主要组成结构。系统的主要组成结构如图 9-4 所示。

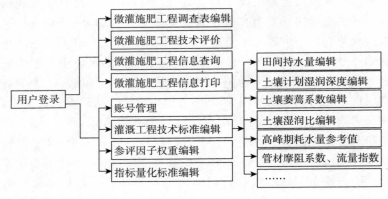

图 9-4　系统组成结构

2. 系统的功能 　具有不同权限用户，对于系统操作的权限是不同的，所能完成的功能也不同。该软件系统主要为两种人员使用：普通使用和管理员用户。普通用户具有该软件对微灌施肥工程进行评价功能，管理员用户使用该软件进行数据的维护管理功能。

(1) 普通用户功能 　以普通用户登录后可以执行的操作，代表系统需要实现的用户功能模块，包括专家微灌施肥工程技术调查表的编辑、工程技术评价、查询打印等。

行业专家微灌施肥工程技术调查表编辑：行业专家根据经验对灌溉系统的每一部分进行打分，同时在每个验证地点调查评价体系所需要的各项指标参数，填写农田基本情况调查表（表 9-10）和微灌施肥工程调查表（表 9-11），每个工程作为一个项目，用户把专家填写的两个调查表在系统中进行录入、编辑，系统提供录入信息的删除、修改功能。

工程技术评价：选择已录入的工程项目，对所选择的工程项目进行微灌施肥工程技术评价，用户可以根据自己的需要按照以下几种方式进行筛选。

调查专家：按照工程项目调查专家进行筛选。

调查区域：按照工程项目调查区域进行筛选。

调查农户：按照工程项目调查农户进行筛选。

调查日期：按照工程项目的调查日期进行筛选。

在工程项目列表中，用户单击列表中的某个工程项目，然后点击评价就可以对该工程进行评价，如果已经有过评价，则系统提示该工程项目已经评价，用户可以在信息查询中查看该项目的评价结果。

信息查询：信息查询可查询微灌施肥工程技术项目专家调查表的详细内容、工程项目的评价结果等，查询可按照多种方式进行综合查询。

信息打印：根据查询微灌施肥工程技术项目专家调查表的详细内容、工程项目的评价结果，系统可打印专家调查表、微灌施肥工程技术评价结论等信息，评价结论可以直接打印，也可以导出 Word 文档格式进行编辑打印。

（2）管理员用户功能　以管理员身份登录后执行的操作，代表系统需要实现的管理员功能模块，包括用户管理、系统基本运行参数管理等。系统基本运行参数包括评价指标权重编辑、参评因子的量化标准编辑、灌溉施肥工程基础建设技术标准编辑。

用户管理：管理员可以对用户账号信息进行新建、删除、修改，用户密码初始化等编辑。

系统基本运行参数管理：系统要对工程项目进行评价离不开基本运行参数，系统对管理员提供了对系统基本运行参数的管理功能，包括现代灌溉工程标准体系的编辑等。

(3) 系统主要功能 启动系统后，进入到用户登录界面（图9-5），在用户登录界面，用户输入自己的用户名和密码，然后选择自己所属的用户类型，点击"登录"，如果输入的用户名和密码正确，并且选择的权限无误，则进入具有相应权限功能的系统界面。

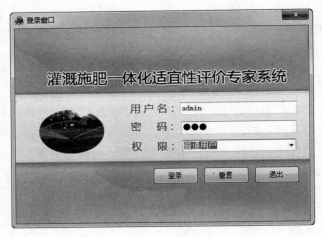

图 9-5 系统登录界面

普通用户登录后，进入到普通用户操作主界面，如图 9-6 所示：

图 9-6 普通用户操作主界面

在普通用户操作主界面中，包含了数据维护、评价项目管理、信息查询、信息打印等重要功能，对于常用的功能，可采用菜单方式操作，也可以使用工具栏操作方式。

数据维护：在数据维护中包括主要有两部分功能，用户个人信息管理和数据库的备份与还原。在用户个人信息管理中，用户可以修改自己的密码；在数据库备份与还原中，用户可以对数据信息进行备份和还原，如图9-7所示。

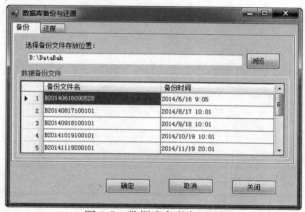

图9-7　数据库备份与还原

评价项目管理：评价项目管理中包括专家微灌施肥工程调查表的编辑、微灌施肥工程项目评价，如图9-8所示。

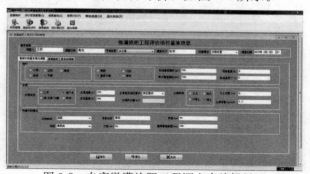

图9-8　专家微灌施肥工程调查表编辑界面

在专家微灌施肥工程调查表中包括灌溉农田基本情况调查、微灌施肥工程系统调查表的编辑。

在微灌施肥工程系统评价中，根据相应的筛选条件，选中某一个工程项目进行评价，如图 9-9 所示。在该窗口中，用户还可以显示选中的需要评价的工程的详细信息。如果该工程项目已经评价过，则系统提示项目已经评价，并显示评价结果；如果没有评价，系统直接显示评价结果并保存，评价结果如图 9-10 所示。

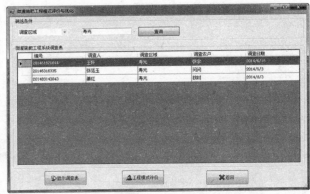

图 9-9　微灌施肥工程项目评价

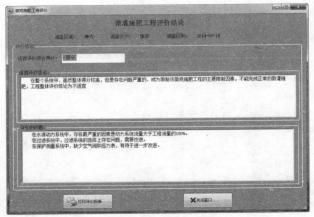

图 9-10　评价结果

登录到管理员系统中，系统主要包含了用户管理、系统参数设置功能。

用户管理：用户管理功能包括用户的添加、删除、修改等，如图9-11所示。

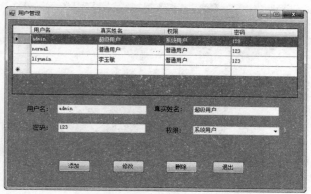

图 9-11 用户管理

系统运行参数管理：系统运行参数管理主要包括参评因子权重编辑、量化指标标准编辑、灌溉工程基础建设技术标准编辑等。

参评因子权重依据参评指标间的相对重要性和决策者的知识、经验对初始解进行合理调整，因此对于参评因子权重具有添加、修改的功能。如图9-12所示。

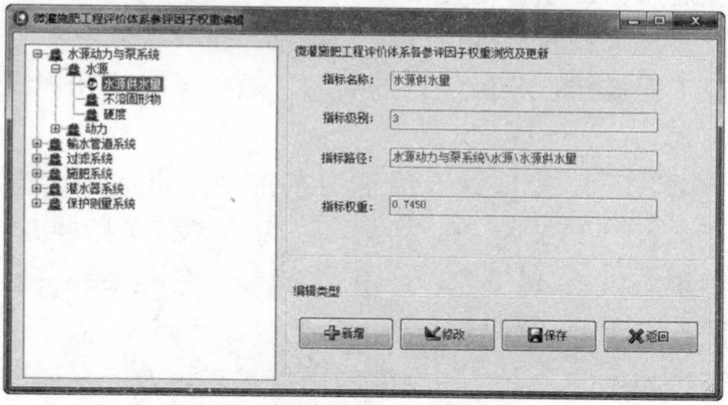

图 9-12 参评因子权重编辑窗口

灌溉工程基础建设技术标准编辑包括田间持水量、土壤计划湿润深度、饱和持水量等基础信息编辑。图 9-13 为微灌施肥工程技术标准编辑窗口。

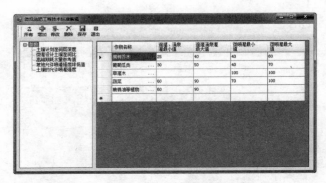

图 9-13　微灌施肥工程技术标准编辑窗口

三、系统运行实例

验证方法：专家评价与系统评价结果分析。专家调查评价表见表 9-10。

验证时间：2013 年 12 月 6～7 日。

验证地点：山东省寿光市。

验证参加人：政府推广部门、高校和企业专家。

验证工程模式：分散经营的滴灌、微喷灌模式和规模化种植的滴灌模式。

1. **基本概况**　验证地点位于山东省寿光市圣城街道和文家街道，全市人口 113.94 万，耕地 141 万亩，蔬菜播种面积 80 万亩，蔬菜年产量 40 亿千克，产值 40 亿元。其蔬菜种植水平始终居于全国前沿水平，科技进步对农业增长贡献率达 70%。随着科技的进步与推广，近几年微灌施肥技术在该地区发展迅速，在一些地区已经成为主要的灌溉施肥模式。

（1）气候状况 该市地处中纬度带，北濒渤海，属暖温带季风区大陆性气候。年平均气温 12.7℃，平均降水量 593.8 毫米，全年平均日照总时数 2 548.8 小时，全年平均太阳总辐射量为 520.3 千焦/厘米^2。5、6 月最多，为 632.1 千焦/厘米^2；12 月最少，为 238.6 千焦/厘米^2。年平均蒸发量 1 834.0 毫米，最大冻土深度 30 厘米左右。

（2）水源及作物状况 验证地区灌溉水多来自地下水，该地区邻近弥河，地下水源丰富。种植作物以设施番茄、辣椒、茄子、西葫芦为主。

2. 工程模式 本次验证选取了有代表性的三个地点进行，分别为分散经营的滴灌模式（A 点）、分散经营的微喷灌模式（B 点）和规模化经营的滴灌模式（C 点）。A 点地区种植作物为辣椒，单次灌溉面积为 900 米^2，水源为地下水。B 点地区种植作物为青椒，单次灌溉面积为 900 米^2，水源为地下水。C 点地区种植作物为番茄，单次灌溉面积为 4 000 米^2，水源为蓄水池蓄水。

3. 验证方法 通过对比该体系对灌溉施肥系统的评价结果和专家经验的评价结果来验证体系的可靠性。首先各位专家根据自身的经验对灌溉系统的每一部分和整体进行评价，同样分为适宜（5）、一般适宜（3）、临界适宜（2）和不适宜（0）四个级别。同时在每个验证地点调查评价体系所需要的各项指标参数，通过该体系计算得出灌溉施肥工程各部分和总体的适宜级别。如果该体系所得灌溉施肥系统各部分和总体的适宜状况和专家经验评价状况相吻合，说明该体系评价结果正确。

4. 验证结果

（1）A 点验证结果 通过对该地区的实地调查和讨论，专家得出该点灌溉施肥工程的适宜级别为临界适宜（2）。专家认为该点动力系统存在不足，限制了该灌溉施肥工程作用的发挥。通过该体系计算得出，该点灌溉施肥系统总体得分为 3.14 分，处于临界适宜范围，并且在动力系统中，动力流量得分为 2 分，为临界适宜级别，与专家提出的限制因子相符。并且在其他各部分专家打分和该体系打分基本吻合，专家认为该体系在该点的验证通过。

(2) B 点验证结果 通过对该地区的实地调查和讨论，专家得出该点灌溉施肥工程的适宜级别为一般适宜（3）。该点采用是喷灌带施肥工程模式，专家经验得出，该系统的水源、动力、管道和灌水器选型都达到最优状态（5）；该点的过滤系统、施肥系统、测量/保护装置等存在一些欠缺，属适宜级别（3），有待改善。通过评价体系计算得出，该系统的总体得分为 3.91 分，属适宜级别，与专家评价相符，并且评价体系对该灌溉施肥工程中施肥器工作参数和过滤器选型的得分为 2 分，与专家评价认为的限制因素相符。

(3) C 点验证结果 由于该点为规模化的种植模式，灌溉施肥系统经过严格的规划和设计，专家一致认为该灌溉施肥系统规划合理，非常适宜所施用的外部环境，并且设备之间的组合也非常合理，总体达到适宜级别（5）。除了进/排气阀之外（2 分），评价体系对该灌溉施肥系统各部分的打分都为 5 分，总体得分为 4.96 分，为适宜级别，与各部分及总体的评价与专家经验评价相符。

5. 验证结论

（1）该评价体系采用层次分析和特尔斐相结合的方法，选取的指标覆盖了微灌施肥系统的主要环节，指标含义明确，评价参数田间易得，权重分配适当。

（2）该体系评价结果与实际情况相符，通过田间调查，能对微灌施肥工程系统的适宜性进行客观准确的评价，并诊断出微灌施肥工程存在的问题，提出优化解决措施。

（3）该评价体系可操作性和实用性强，可应用于微灌施肥工程的设计、评价与优化。

建议进行该评价体系的软件开发，加快该体系在实际中的推广应用。

表 9-10　微灌施肥系统专家现场验证评价表

一级指标	二级指标	三级指标	高度适宜	非常适宜	一般适宜	不适宜	存在问题/优化措施
水源—动力系统	水源	水源供水量					
		不溶固形物					
		硬度					
	动力	类型					
		扬程					
		流量					
输水管道系统	干管	材料性能					
		管径					
	支管	材料性能					
		管径					
	排水井						
过滤系统	类型						
	工作参数	过滤目数					
		额定压力					
		过滤流量					
	安装位置						
施肥系统	施肥器类型						
	工作参数	额定压力					
		施肥流量					
灌水器系统	灌水器类型	地形适宜性					
		作物适宜性					
	灌水器行距						
	灌水器间距						
	灌水器参数						

（续）

一级指标	二级指标	三级指标	高度适宜	非常适宜	一般适宜	不适宜	存在问题/优化措施
保护/测量系统	保护装置	逆止阀					
		进排气阀					
		压力调节阀					
	测量装置	水表					
		压力计					
微灌施肥系统总体评价							
该系统需要优化改善的方面							

填表说明：高度适宜表示该部分的选择非常适合本地区的现实情况，并且设备组合之间非常完善，在使用过程中非常顺利，并且能够达到资源高效利用的目的。

一般适宜表示该部分的选择与现实环境和条件比较符合，设备之间组合基本合理，在使用过程中运行顺利，对提高资源利用率有一定作用。

临界适宜是指该部分的选择与本地区的现实条件基本符合，设备能够保证系统正常运行，可以完成微灌施肥操作。

不适宜是指该部分的选择不适合本地区的环境情况或者限制整个微灌施肥系统的正常运行，如果不对该部分进行优化，则不能完成微灌施肥任务。

请您结合田间情况，根据您的经验对系统各部分进行适宜性评价，您认为该部分属于哪个适宜级别，请在对应的地方打上对勾。如果该部分为不适宜或一般适宜，请尽量提出存在问题及其优化措施。

第十章

设施蔬菜微灌施肥案例分析

第一节　设施番茄微灌施肥技术应用与效果

番茄，又称西红柿，是茄科茄属的多年生草本植物，原产于中美洲和南美洲，现作为食用蔬果已被全球性广泛种植。番茄种类极多，普通番茄的园艺学分类可从植株的生长习性、叶型、果实大小、颜色等不同角度进行。按照植株的生长习性分为无限生长型、有限生长型及半有限生长型三类；按照果实大小分为大番茄（130～250 克）、串番茄（100～130 克）和樱桃形番茄（10～20 克）；按照果实颜色分类，有大红、粉红、金黄、橙黄、淡黄和咖啡色等；按照果实的主要用途，可分为鲜食和加工贮藏两种。

一、设施番茄生长基本情况

番茄的生育周期可分为发芽期、幼苗期、开花坐果期和结果期。西红柿从种子萌发到第一片真叶出现为发芽期，一般需要7～9 天。发芽期能否顺利完成，主要决定于温度、湿度、通气状况及覆土厚度等；西红柿的第一片真叶出现至开始现大蕾为幼苗期，约需 50～60 天。西红柿幼苗期经历两个阶段，从破心至2～3 片真叶展开，即花芽分化前为基本营养生长阶段，该时期主要为花芽分化及进一步营养生长打下基础。2～3 片真叶展开后，花芽开始分化，进入第二阶段，即花芽分化及发育阶段，从这时开始，营养生长与花芽发育同时进行；西红柿从第一花序出现大蕾至坐果为开花坐果期。开花坐果期是以营养生长为主过渡到生殖生长与营养生长同时发展的转折期，该时期直接关系到产品器官和产量的形成。正常情况下，从花芽分化到开花约经30天。此期管理的关键是协调营养生长与生殖生长的矛盾。无限生长型的中、晚熟品种容易营养生长过旺，甚至徒长，引起开花结果的延迟或落花落果，特别是在过分偏氮肥、日照不良、土壤水分过大、高夜温的情况下发生严重。有限生长型的早熟品种，在定植后容易出现果坠秧的现象，植株营养体小，果实发育缓慢，产量不高；从西红柿的第一花序坐果至采收结束为结果期。这个时期秧、果同时生长，营养生长和生殖生长的矛盾始终存在，营养生长与果实生长高峰相继地周期性出现。西红柿是陆续开花、连续结果的蔬菜。当第一花序果实肥大生长时，第二、三、四、五花序也逐渐发育。大量的营养物质运往正在发育中的果实，各层花序之间的养分争夺比较明显。一般来讲，下位叶片制造的养分供应根系和第一花序果实生长；中位叶片的养分主要输送到果实中上位叶片的养分，除供上层果实外，还大量地供给顶端生长的需要。

二、设施番茄对环境的要求

1. **温度** 西红柿是喜温蔬菜，既不抗寒又不耐热。生长发育的适温范围在10～33℃，生长的最适宜温度为20～25℃。温度低于10℃或高于33℃时，植株发育不良；低于5℃或高于40℃时，植株停止生长；温度低于0℃或高于45℃时植株很快受害死亡。

2. **光照** 西红柿是喜光作物，对光周期要求不严格，多数品种属中日性植物，在11～13小时的日照下，植株生长健壮，开花较早。光周期的长短对西红柿的发育虽然不是一个重要因素，但光照强度与产量和品质有直接的关系。光照不足，易造成植株徒长，营养不良，开花减少，花器发育不正常，引起落花；光照过强，植株容易感染病毒病，或引起茎叶早衰，果实也易被灼伤。

3. 水分　西红柿的根系发达，吸水力强，植株茎叶繁茂，蒸腾作用较强，果实含水量高，对水分要求属于半耐旱蔬菜。因此，西红柿虽需要从土壤中吸收大量的水分，却不必经常大量灌溉。

4. 土壤及营养　西红柿对土壤的适应力较强，对土壤条件要求不太严格，除特别黏重排水不良的低洼易涝地外均可栽培，但以土层深厚，排水良好，富含有机质的肥沃壤土最为适宜。土壤酸碱度以 pH 6～7 为宜。

三、设施番茄水肥管理

1. 设施番茄水肥管理基本原则

（1）重视有机肥　有机肥所含营养元素全、肥效缓而长，是土壤微生物的能源，具有活化土壤微生物的功能，土壤微生物的增加可提高土壤养分的利用率，提高作物的抗病能力。为此重视有机肥是番茄施肥技术的核心。但是，施用的有机肥必须是发酵好的，否则，易产生有害气体。一般情况下，每亩施用优质有机肥 5 000 千克。有条件的也可施用微生物接种制剂，一般情况下每亩用量 2～3 千克。

（2）平衡施用化肥　化肥有养分含量高、肥效快的特点，合理施用可弥补有机肥和土壤中所供给某种营养元素的不足。番茄上常用的肥料品种有尿素、过磷酸钙、硫酸钾、硼砂、硫酸锌和三元复合肥等，其中过磷酸钙在酸性土壤或旧大棚上使用效果较好。

（3）合理分配基肥、追肥的比例　一般情况下，有机肥、磷肥、微肥和 80％的钾肥、30％的氮肥混匀后做基肥，并将其中的 2/3 均匀撒于地表，然后翻于地下，其余 1/3 起垄时施在定植行内，其余 70％的氮肥和 20％的钾肥分别做追肥用。

(4) 适时叶面喷肥 番茄进入盛果期后，根系的吸肥能力下降，此时可进行叶面喷肥。常用的方法是每亩每次喷洒 1％尿素、0.5％磷酸二氢钾和 0.1％硼砂的混合液 50 千克，5～7 天喷 1 次，连喷 2～3 次，有利于延缓植株衰老，延长采收期。

2. 设施番茄微灌施肥技术 在采用滴灌施肥技术模式下，秋冬茬番茄在基肥施入干鸡粪 8 吨/公顷、普通过磷酸钙 1.5 吨/公顷、石灰氮 900 千克/公顷、小麦秸秆 9 吨/公顷的前提下，灌水及氮肥追施情况见图 10-1。一般从番茄定植到幼苗 7～8 片真叶展开、第一花序现蕾后，再浇大水一次，灌溉量每亩 40～60 米^3。之后直至第一穗果实直径 2～3 厘米大小前，可适度控水蹲苗，防止徒长。当第一穗果长至"乒乓球"大小时再开始进行灌水追肥，一次浇水量 20 毫米左右。第一至二穗果时期，由于植株需肥量较小，而此时土壤温度较高，土壤供肥能力较强，因此前期只进行少量灌溉而不追肥。当番茄进入第二穗果膨大期，植株生长迅速，需肥量增大，开始进行追肥，由于底肥施用磷肥，因此前期无需施用磷肥，氮素用量如图 10-1 所示，每公顷施氮 50 千克、硫酸钾 10 千克。进入第三穗果膨大期后，植株生长旺盛，下部果实较多，植株需肥量增加，一般每 7～10 天每亩追施氮肥、普通过磷酸钙 12.5 千克和硫酸钾 10 千克。进入冬季后，外界气温和光照强度逐渐降低，番茄生长速度逐渐减缓，加之农民为保证棚温，开始拉封口、盖草苫，如果灌水较多，放风不及时，棚内湿度过大容易发生病虫害；施肥较多则容易产生青皮。因此，入冬后田间浇水、施肥量应逐渐减少。此外，浇水施肥时应注意掌握"阴天不浇晴天浇，下午不浇上午浇"的原则。

冬春茬番茄在移栽后一个月左右时，浇水一次，灌溉量每亩 40 毫米。而后间隔 10 天左右，再小浇一水，灌溉量约为每亩 50 毫米。再之后直至第一穗果实直径 2～3 厘米大小前，可适度控水

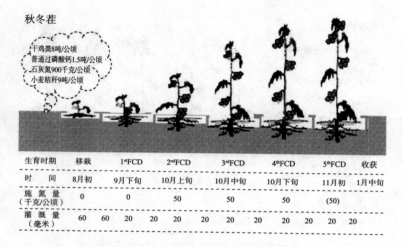

秋冬茬

干鸡粪8吨/公顷
普通过磷酸钙1.5吨/公顷
石灰氮900千克/公顷
小麦秸秆9吨/公顷

生育时期	移栽	1st FCD	2nd FCD	3rd FCD	4th FCD	5th FCD	收获
时　间	8月初	9月下旬	10月上旬	10月中旬	10月下旬	11月初	1月中旬
施氮量 （千克/公顷）	0	0	50	50	50	(50)	
灌溉量 （毫米）	60　60	20　20	20　20	20　20	20　20	20　20	

图 10-1　秋冬季设施番茄微灌施肥管理模式

注：1st～6th FCD 表示第一至第六果穗膨大。

蹲苗，防止徒长。待第一穗果长至"乒乓球"大小时再开始进行
灌水追肥，一次浇水量每亩 20 厘米左右。前期由于植株较小、果
实较少，植株需肥量较小，因此只进行灌水而不追肥（图 10-2），
待进入第二穗果膨大期，开始进行追肥，由于底肥施用磷肥，因
此前期无需施用磷肥，氮素用量见图 10-2，硫酸钾 10 千克。此
后每隔 10～15 天，追肥一次，氮素用量如图 10-2，硫酸钾 10 千
克和普通过磷酸钙 12.5 千克。在番茄进入采收期后，为防止果
实青皮，应停止追肥。

四、微灌施肥应用效果

为了验证微灌施肥技术在番茄生产中节本增效的作用，在日
光温室中进行了生产试验。试验设滴灌和漫灌两个处理。滴灌施
肥处理依据目标产量法估算作物整个生育期内的需肥和需水总
量，然后根据作物不同生育期的需肥需水规律将其分配到每天进

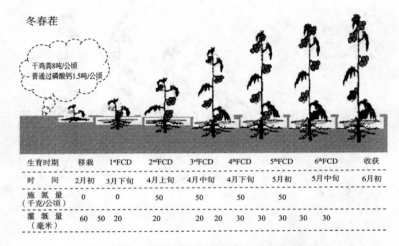

图 10-2　冬春季设施番茄微灌施肥管理模式

注：1st～6th FCD 表示第一至第六果穗膨大。

行滴灌施肥；同时，根据作物的营养生理特点，确定肥料品种及比例。在滴灌处理实际操作过程中综合考虑土壤剖面硝态氮残留量、气象等因素。通过在滴灌处理各小区内埋设张力计（张力计陶土头埋置 20 厘米深）来指示土壤水分变化、确定是否灌溉施肥。当张力计读数（早 10：00）达到控制灌水上限－25 千帕时开始灌溉，而在阴雨雪天气不进行滴灌。为使土壤与基肥能够充分接触融合以及确保定植苗成活，定植和缓苗水仍采用传统灌溉，番茄定植缓苗水后，进入水分处理试验。每次灌溉按照灌水施肥方案进行，采用 17-6-31 的滴灌专用肥。传统漫灌施肥处理采用当地菜农传统畦灌，灌溉量和灌溉时期模拟当地农户传统习惯，根据番茄品种特性、长势以及气候状况确定追肥时期和追肥量。

1. 微灌施肥对株高和茎粗的影响　秋冬季番茄移栽 20 天后，滴灌处理的株高生长明显快于漫灌处理（图 10-3），这与在前期滴灌处理施肥比漫灌早有关。而冬春季，滴灌处理与漫灌处理的差异不如秋冬季明显，主要是由于冬春季，滴灌处理的施肥时间与漫灌处理基本一致，但是整体上来看，滴灌处理的株高生长速度快于漫灌处理。这说明滴灌处理适时适量的水肥供应促进了植株的营养生长。

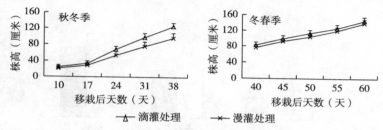

图 10-3　不同水肥管理下植株株高的变化

秋冬季滴灌处理茎粗增加速度较漫灌处理快，尤其是在移栽后的 25 天内，滴灌处理与漫灌处理相比茎粗增加速度较快（图 10-4）。而在定植 30 天以后，滴灌处理茎粗增加趋势变缓，这可能是在氮素供应适量的条件下，茎粗表现出不会无限增加的趋势。冬春季番茄定植 40 天以后，在氮素供应充足的条件下，茎粗增加到一定程度就不会再表现出明显的增加趋势。从两季的茎粗数据来看，滴灌处理更利于植株前期的营养生长。

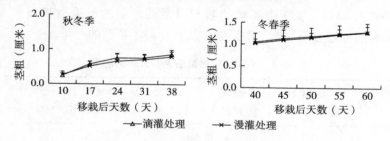

图 10-4　不同水肥管理下植株茎粗的变化

2. 微灌施肥对番茄产量的影响　从不同茬口的番茄产量可以看出，冬春茬番茄的产量明显高于秋冬茬，这是由于冬春茬番茄的定植时间比普通农户晚将近一个月，只留 4 穗果，而冬春茬留了 6 穗果。总体来看，在品种和气候相同的条件下，滴灌处理产量明显高于漫灌处理，累积增产 19.6%（图 10-5）。这说明滴灌为植物提供了一个稳定的水肥环境，更利于产量的形成。

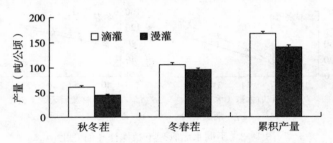

图 4-5 不同处理对秋冬茬和冬春茬番茄产量的影响

　　不同的水肥管理模式对番茄的果实大小有一定的影响，尤其对中果数量影响极显著。在对特大果、大果、小果的影响除秋冬季滴灌处理与传统漫灌处理有显著差异外，其他均无显著差异（表 10-1）。这可能与番茄的品种有关。而从两季番茄的总果数上来看，秋冬季，滴灌处理中果数占 57.6%，传统漫灌处理中果数占 47.9%；冬春季，滴灌处理中果数占 68%，漫灌处理中果数占 63%，说明中果数的累积对番茄产量的形成贡献最大。而滴灌处理显著提高了中果数，从而提高了番茄的产量。

表 10-1 不同处理对番茄果实大小的影响

处理	坐果总数 （个/14 米²）	特大果数 （个/14 米²）	大果数 （个/14 米²）	中果数 （个/14 米²）	小果数 （个/14 米²）
			秋冬季		
滴灌处理	627 A	0	172 a	361 A	100 a
漫灌处理	424 B	0	121 b	203 B	94 a

（续）

处理	坐果总数 （个/14 米²）	特大果数 （个/14 米²）	大果数 （个/14 米²）	中果数 （个/14 米²）	小果数 （个/14 米²）
冬春季					
滴灌处理	1 174 A	23 a	222 a	802 A	144 a
漫灌处理	1 063 B	16 a	211 a	675 B	143 a
全年					
滴灌处理	1 800 A	23 a	382 a	1 163 A	243 a
漫灌处理	1 487 B	16 a	342 a	878 B	238 a

注：同一列中同一生长季下带有不同大小写字母分别表示不同处理的番茄果数在 0.01 水平和 0.05 水平差异极显著。

3. 经济效益分析　不同水肥管理模式的各项费用投入及番茄产值情况见表 10-2。经济效益分析主要包括两个方面：一是因节省投入所产生的经济效益，二是因作物增产和品质改善所获得的产出增加值。从投入的角度看，本试验条件下，农民传统处理全年的总投入为 6 037 元/亩，而滴灌处理全年的总投入为 5 633元/亩。滴灌处理生产性总投入比传统漫灌处理降低了 7%。而从全年总投入各方面来看，农民在肥料方面的支出最大，其次为种苗。传统灌溉施用肥料（1 676 千克/公顷）的用量远大于滴灌处理（299 千克/公顷），单从氮肥的用量上来看，滴灌处理与农民传统灌溉处理相比节约了 82% 的氮肥用量；同时滴灌处理明显提高了番茄的产量（全年平均增产幅度为 19.6%），因此其中滴灌处理的总产出（22 199 元/亩）远高于传统处理（18 420 元/亩），净经济效益更是显著高于传统处理，滴灌处理的净经济效益为 16 566 元/亩，而传统处理的净经济效益为 12 383元/亩，提高了 33%。

表 10-2　两种灌溉模式下的投入及经济效益分析（元/亩）

项　　目	滴灌处理	漫灌处理
08 年秋冬季		
种苗[1]	772	629
滴灌设备[2]	181	0
肥料[3]	1 524	2 378
水费[4]	42	47
农药	100	120
总投入	2 619	3 174
总产量效益[5]	8 596	6 018
净经济效益	6 749	3 473
09 年冬春季		
种苗	1 286	1 048
滴灌设备	181	0
肥料	1 412	1 549
水费	55	106
农药	80	160
总投入	3 014	2 863
总产量效益	13 603	12 478
净经济效益	10 589	9 615
全年		
总投入	5 633	6 037
总产量效益	22 199	18 420
净经济效益	16 566	12 383

　　注：[1] 秋冬季种子单价为 0.3 元/株，冬春季单价为 0.5 元/株；[2] 滴灌设备的总投入是 1 805 元，使用年限 5 年；[3] 肥料投入中包括了秸秆投入；[4] 水分投入的价值按当地电费投入计算，4.5 米³/度，1.1 元/度；[5] 总产量效益＝产量＊平均价格（秋冬季 2.0 元/千克，冬春季 1.9 元/千克）。

4. 肥料与水肥利用情况　从全年来看，滴灌处理的氮肥偏生产率为 571.9，而漫灌处理的仅为 85.9，滴灌处理是漫灌处理的 6.6 倍。滴灌处理的水分生产率为 28.6，而漫灌处理的为 15.4，滴灌处理是漫灌处理的 1.9 倍（表 10-3）。秋冬季漫灌处理化学氮肥投入量为 1 035 千克/公顷，是滴灌处理的 6 倍，但产量并没有增加。这说明过量的氮肥投入不利于增产。此外，从全年灌溉量来看，滴灌处理二茬灌溉总量为 5 985 毫米，比漫灌处理 9 344 毫米，节约 36% 的灌溉水量，每年每公顷可节约 3 370 米³ 的地下水。目前，寿光市农业灌溉用水并未收取水费，收取的仅仅是灌溉水电费，其经济效益尚无法直接反映出来，但从节约水资源及环境保护的角度来看，滴灌处理节水增效的潜力仍然相当可观。

表 10-3　两种灌溉模式下的氮肥偏生产率及水分生产率

生长季节	处理	番茄产量（吨/公顷）	氮肥投入量（N）（千克/公顷）	氮肥偏生产率（千克/千克）	灌溉量（米³/公顷）	水分效率（千克/米³）
秋冬季	滴灌处理	64	163	392.6	2 589	24.7
	漫灌处理	45	1 035	43.5	2 868	15.7
冬春季	滴灌处理	107	136	786.8	3 396	31.5
	漫灌处理	99	641	154.4	6 476	15.3
全年	滴灌处理	171	299	571.9	5 985	28.6
	漫灌处理	144	1 676	85.9	9 344	15.4

综上，滴灌施肥模式显著提高了中果数。中果数对番茄产量的建成贡献最大，从而显著提高了番茄的产量，全年增产达 19.6%。与传统灌溉施肥相比，滴灌施肥模式增加了设备的投入，但节省了生产性投入，提高了作物产量，在生产性总投入降低 7% 的条件下，净经济效益提高了 33%。滴灌处理与传统灌溉

相比节约了 36％的灌溉水，节约了 82％的氮肥投入，减少了水资源和养分资源的浪费。

第二节　设施黄瓜微灌施肥技术应用与效果

黄瓜，属葫芦科，起源于喜马拉雅山南麓。近几年，北欧型黄瓜（水果黄瓜）在我国发展较快。黄瓜在我国已有 2 000 多年栽培历史，在设施栽培方式方面，20 世纪 60 年代，以小拱棚覆盖栽培为主，70 年代发展塑料大棚栽培，从 80 年代开始发展高效节能日光温室栽培。现为设施栽培面积最大的蔬菜种类之一。单季产量可达 250 吨/公顷，增产潜力巨大。

一、设施黄瓜生长基本情况

黄瓜生长周期可分为发芽期、幼苗期、伸蔓期、结果期等。发芽期从播种至第一片真叶出现（破心），适宜条件下约需 5～7 天。该时期主根下扎，下胚轴伸长和子叶展平，出苗前保持较高温度和湿度、促进尽快出苗；出土后则应当降温以防徒长；幼苗期从真叶出现到 4～5 片真叶展开，需 20～30 天，该时期主要进行幼苗的形态建成和花芽分化，管理上注意促控结合，培育适龄壮苗；伸蔓期从定植到第一雌花坐瓜，约需 20 天左右。该时期主要特点是根茎叶形成，其次是继续花芽分化。生长中心逐渐由以营养生长为主转为营养生长和生殖生长并进阶段。一般伸蔓期结束时株高 1.2 米左右，已有 12～13 片叶，第一雌花瓜长 12 毫米左右；结果期由第一雌花坐瓜到拉秧为止。该时期根系与主侧蔓继续生长，且不断地开花结果，是产量高低的关键时期。管理上要平衡秧果关系，延长结果期。此期长短因栽培方式差别很大，露地栽培 30～100 天，日光温室冬春茬栽培则长达 120～150 天。

二、设施黄瓜田间管理

设施黄瓜宜采用大小行栽培，大行行距 80 厘米，小行行距 60 厘米。根据品种特性、气候条件及栽培习惯确定株距，一般每亩定植 2 800～3 000 株。

1. 温度 缓苗后至结瓜前，以炼苗为主，多次中耕。白天温度保持在 25～28℃，夜间在 12～15℃，中午前后不要超过 30℃。进入结瓜期，主要保温控湿。白天温度保持在 25～30℃，超过 30℃注意放风，夜间温度保持在 12～18℃。结瓜盛期，要重视放风，调节室内温湿度，白天温度保持在 28～30℃，夜间在 13～18℃，温度过高时可通腰风和前后窗放风。当夜间室外最低温度达 15℃以上时，不再盖草苫，可昼夜放风。

2. 光照 采用透光性好的无滴膜，保持膜面清洁。揭、盖草苫的适宜时间，晴天以阳光照到采光棚面为准，阴天以揭开草苫后室内气温无明显下降为准。深冬季节，草苫可适当晚揭早盖。

3. 空气湿度 根据黄瓜不同生育阶段对湿度的要求和控制病害的需求，定植期适宜的空气相对湿度为 80％～90％、开花结瓜期为 70％～85％。

4. 整枝 用尼龙绳吊蔓，根据长势及时落瓜，主蔓结瓜，侧枝留 1 瓜 1 叶摘心，及时打掉病叶、老叶、畸形瓜。

三、设施黄瓜水肥管理

1. 设施黄瓜水肥管理基本原则 黄瓜生长快、结果多、喜肥，根系耐肥力弱，对土壤营养条件要求比较严格。据测定，每生产 1 000 千克黄瓜需从土壤中吸取 N 1.9～2.7 千克、P_2O_5 0.8～0.9 千克、K_2O 3.5～4.0 千克，三者比例为 1∶0.4∶1.6。黄瓜全生育期需钾最多，其次为氮，再次为磷。

设施黄瓜的种植季节分为秋冬茬、越冬长茬和冬春茬，针对其生产中存在的盲目施肥、施肥比例不合理、过量灌溉、菜田施用的有机肥多以畜禽粪为主等，导致土壤生物活性降低，连作障碍、土壤质量退化严重、养分吸收效率下降、蔬菜品质下降等问题，提出以下施肥原则：

(1) 施足有机肥 有机肥料用量依具条件而定，一般每公顷为 90 吨左右。提倡施用碳氮比高的优质有机堆肥，老菜棚注意多施含秸秆多的堆肥，少施禽粪肥，实行有机无机肥配合和秸秆还田。

(2) 基肥中还应配施少量磷、钾肥或以磷、钾为主的三元复混肥 施用化肥折纯 N 18.0 千克、P_2O_5 15.0 千克、K_2O 32.0 千克、硫酸锌 1.0 千克、硼砂 0.5 千克，整地前撒施，深翻25～30 厘米，旋耕耙平。蔬菜地酸化严重时应适量施用石灰等酸性土壤调理剂。

(3) 巧施坐果肥 设施黄瓜结果期较长，要求每结一批果后需要补充水肥。追肥应掌握轻施、勤施的原则，每隔 7～10 天追1 次肥，全生长期需追肥 7～8 次。

(4) 重视施用钾肥 在基肥用量不足或土壤缺钾的情况下，必须施用钾肥。

(5) 适时喷施叶面肥

2. 设施黄瓜微灌施肥技术 由于环境条件和不同生长阶段水肥需求的不同，冬春季设施黄瓜定植后不同生长期水肥管理有所差异。

(1) 缓苗期 定植时灌溉 1～2 次，每次每亩用水量约30 米^3。

(2) 初花期 该期 25～30 天，灌溉周期 15～16 天，共灌溉2 次。每次亩用水量 12 米^3，在第二次浇水时每亩用肥量：N 2.8 千克、P_2O_5 2.8 千克、K_2O 3.6 千克。

(3) 结瓜初期 该期 60～70 天，灌溉周期 12～13 天，共灌溉 5～6 次。每次亩用水量 9 米^3，用肥量：N 2.4 千克、P_2O_5

2.9 千克、K_2O 4.5 千克。

(4) 结瓜中前期 该期 55～65 天，灌溉周期 7～8 天，共灌溉 8 次。每次亩用水量 10 米³，用肥量：N 2.4 千克、P_2O_5 1.9 千克、K_2O 4.5 千克。

(5) 结瓜中后期 该期 45～55 天，灌溉周期 6～7 天，共灌溉 8 次。每次亩用水量 11 米³，用肥量：N 2.0 千克、P_2O_5 1.5 千克、K_2O 2.0 千克。

(6) 结瓜末期 该期为采收结束前 38～40 天。灌溉周期 5～6 天，共灌溉 7 次。每次亩用水量 12 米³，用肥量：N 2.8 千克、K_2O 2.0 千克。

四、微灌施肥应用效果

为了验证微灌施肥技术在黄瓜生产中节本增效的作用，我们在日光温室中进行了生产试验。试验棚面积 390 米²，试验地土壤基础情况见表 10-4。供试肥料为蓬莱齐宝肥业圣诞树牌滴灌冲施专用肥，$N-P_2O_5-K_2O$：20-20-20＋TE，16-8-34＋TE 两种。黄瓜品种为冬冠 3 号。种植方式为小高垄，每垄种植两行，大行距 0.8 米，小行距 0.4 米，垄高 0.15～0.2 米，株距 0.3 米，定植密度 49 500 株/公顷。

表 10-4　试验地土壤基础情况

取样深度 （厘米）	有机质 （克/千克）	碱解氮 （毫克/千克）	有效磷 （毫克/千克）	速效钾 （毫克/千克）	pH
0～25	18.6	85	70.5	150	5.62
25～50	12.6	75	55.9	110	5.89

试验采用滴灌施肥和畦灌冲肥两种方式，根据作物的需肥规律和农民的习惯施肥水平试验共设 5 个处理（表 10-5）。处理 1：当地农民习惯施肥（畦灌、冲肥）；处理 2：空白对照（滴灌但

不施肥）；处理 3：中等施肥；处理 4：高 30％的施肥量；处理 5：低 30％的施肥量。

表 10-5　设施黄瓜试验施肥方案（千克/公顷）

处理	N	P_2O_5	K_2O	总计	基肥			追肥		
					N	P_2O_5	K_2O	N	P_2O_5	K_2O
1 习惯施肥	1 054.5	538.5	1 909.5	3 502.5	3 37 5	180.0	382.5	717.0	358.5	1 527.0
2 空白对照	0	0	0	0	0	0	0	0	0	0
3 中等施肥	630.0	765.0	1 198.5	2 593.5	2 025	5 175	375.0	4 275	247.5	8 235
4 高量施肥	819.0	994.5	1 558.0	3 371.5	263.2	6 727	487.5	555.7	3 217	1 070.5
5 低量施肥	435.0	495.0	838.9	1 768.9	141.7	321.7	262.5	293.2	173.2	576.4

基肥（有机肥、复合肥、磷酸二铵和硫酸钾）在黄瓜苗移栽前整地时均匀撒施后耕翻施用。追肥滴灌区采用滴灌专用肥，由蓬莱奇宝肥业有限公司提供，畦灌区肥料采用农户常规使用肥料尿素、磷酸二铵和硫酸钾。畦灌冲肥是将肥料均匀放在小畦灌水上水口，然后灌水，肥料随水冲入。滴灌施肥先将肥料溶解在桶中，再将肥料溶液通过文丘里施肥器随水注入灌溉系统中，施在根际处。每次滴灌的施肥量见表 10-6。灌水时间是根据负压计读数决定，负压计读数指在 45 帕时开始灌水施肥。在每个处理首部都单独安装了水表，准确计量每次灌水量及全生育期灌水量。其他生产农艺措施如打药、除草等均由农民统一管理。水源为地下浅井水，水质较好。整套滴灌施肥系统由蓬莱齐宝肥业有限公司提供并负责安装使用。整个试验毛管间距为 0.4 米，滴头间距 30 厘米，滴头流量为 1.65 升/小时。

表 10-6　不同处理追肥施肥量（千克/公顷）

处理	移栽—开花（1～30 天）		开花—结果（31～45 天）		结果—采收（46～225 天）	
	肥料配方 $N：P_2O_5：K_2O$	每次灌溉肥料用量	肥料配方 $N：P_2O_5：K_2O$	每次灌溉肥料用量	肥料配方 $N：P_2O_5：K_2O$	每次灌溉肥料用量
1 习惯施肥	16：08：34	45	16：08：34	45	16：08：34	45

（续）

处理	移栽—开花（1～30 天）		开花—结果（31～45 天）		结果—采收（46～225 天）	
	肥料配方 N：P$_2$O$_5$：K$_2$O	每次灌溉 肥料用量	肥料配方 N：P$_2$O$_5$：K$_2$O	每次灌溉 肥料用量	肥料配方 N：P$_2$O$_5$：K$_2$O	每次灌溉 肥料用量
2 空白对照	0	0	0	0	0	0
3 中等施肥	20：20：20	11.25	16：08：34	14.625	16：08：34	7.875
4 高量施肥	20：20：20	15	16：08：34	19.5	16：08：34	10.5
5 低量施肥	20：20：20	18	16：08：34	23.4	16：08：34	12.6

1. 设施黄瓜微灌施肥技术的节水节肥效果　从表 10-7 可以看出，滴灌施肥比农户习惯施肥每公顷节肥 131～1 734 千克，节肥 3.7%～49.5%，但由于滴灌肥料比市场普通肥料价格高出 3 倍，所以虽然节肥但基本上是不节省投入。滴灌施肥不同施肥水平的三个处理之间，随着施肥量的增加，产量也随着增加，但增产的幅度很小。滴灌施肥比农户习惯施肥每公顷节水 705～910.5 米^3，节水 21.0%～27.1%，节水效果明显。

表 10-7　设施黄瓜微灌施肥技术的节水节肥效果

处理	施肥量（千克/公顷）				平均产量（千克/公顷）	灌水量（米^3）	比处理 1			
	N	P$_2$O$_5$	K$_2$O	总计			节水（米^3）	百分比（%）	节肥（千克/公顷）	百分比（%）
1 农户	1 055	538.5	1 909.5	3 503	133 005	3 360	—	—	—	—
2 空白对照	0	0	0	0	77 985	2 550	—	—	—	—
3 中等施肥	630.0	765.0	1 198.5	2 593.5	156 480	2 460	898.5	26.7	909.0	26.0
4 高量施肥	819.0	9 945	1 558.1	3 371.6	149 685	2 655	705.0	21.0	131.0	3.7
5 低量施肥	435.0	495.0	839.0	1 769.0	146 220	2 445	910.5	27.1	1 733.6	49.5

2. 微灌施肥技术对黄瓜产量的影响　从表 10-8 可以看出，滴灌施肥方式比农户习惯施肥方式增产，滴灌施肥方式不同的施肥量的三个处理中，滴灌施肥中水平产量最高，比畦灌冲肥增产

23 475 千克/公顷，增幅 17.6%，滴灌高水平次之，比畦灌冲肥增产 16 680 千克/公顷，增幅 12.5%，而滴灌施肥低水平比畦灌冲肥增产 13 215 千克/公顷，增幅 9.9%。经方差分析，滴灌施肥方式产量与农户习惯施肥方式产量差异显著，而滴灌施肥高中低水平之间产量差异不显著。

表 10-8　微灌施肥技术对黄瓜产量的影响

处理	平均（千克/公顷）	与处理 1 相比	
		增产（千克/公顷）	增产百分比（%）
农户习惯施肥	133 005	—	—
空白对照	77 985	—	—
中等施肥	156 480	23 475	176
高量施肥	149 685	16 680	125
低量施肥	146 220	13 215	99

3. 微灌施肥技术对黄瓜品质的影响　表 10-9 显示，不同的施肥方式均比不施肥处理的维生素 C 含量高，其中以滴灌施肥处理的维生素 C 含量明显较高，滴灌施肥中水平处理的维生素 C 含量为最高，比农户习惯施肥高 1.28 毫克/千克，增幅 10.2%，说明科学合理的灌溉施肥方式可以明显的提高黄瓜果实中的维生素 C 含量。滴灌施肥中水平下黄瓜果实的商品率最高，随着施肥量的增加，黄瓜果实商品率降低，说明过量施肥不仅导致经济效益下降，而且使品质变劣。施肥可明显增加果实的单果重，以滴灌施肥中水平的单果重为最高，说明用肥量合理，可明显地增加果实的单果重，增加黄瓜的产量。

表 10-9　微灌施肥技术对黄瓜品质的影响

处理	维生素 C（毫克/100 克）	单果重（克）	商品率（%）
农户习惯施肥	12.48	123	90
空白对照	11.96	117	86

（续）

处理	维生素 C（毫克/100 克）	单果重（克）	商品率（%）
中等施肥	13.76	132	96
高量施肥	13.69	129	93
低量施肥	13.56	127	95

4. 微灌施肥技术对黄瓜水分生产效率和生产效益的影响
以黄瓜市场价 2 元/千克计算，从表 10-10 可以看出，滴灌方式的用水量明显降低，并能有效地提高灌溉的水分利用效率，显著地增加黄瓜的生产效益。滴灌施肥的水分生产效益为 54.9～58.8 元/米³，其中以滴灌施肥中水平为最高，畦灌冲肥为 58.8 元/米³，滴灌冲肥比农户习惯施肥高 6.3～10.2 元/米³。

表 10-10　微灌施肥技术对黄瓜水分生产效率和生产效益的影响

处理	平均产量（千克/公顷）	灌溉水量（米³）	蒸发量（毫米）	水分生产率（千克/米³）	水分生产效益（元/米³）
农户习惯施肥	133 005	224.0	365.0	24 29	4 859
空白对照	77 985	170.2	355.0	14 65	2 929
中等施肥	156 480	164.1	355.0	29 39	5 877
高量施肥	149 685	177.0	355.0	28 11	5 622
低量施肥	146 220	163.3	355.0	27 46	5 492

5. 微灌施肥技术的经济效益分析　从表 10-11 可以看出，由于各处理的施肥量及灌溉方式的不同，各处理间每公顷产值差别较大，滴灌施肥处理比畦灌冲肥处理亩产值增加明显，每公顷经济收入增产值 2.6 万～4.7 万元；由于肥料节肥不节本，节本增效主要是用工、水电费和农药投入，滴灌施肥处理的生产成本远低于畦灌冲肥处理，每公顷均减少成本 3.86 万～5.91 万元。

表 10-11　微灌施肥技术的经济效益分析

| 处理 | 经济产量（千克/公顷） | 产值（万元/公顷） | 黄瓜生产成本（元/千克） | | | | 纯收入（万元/公顷） | 与处理1相比 | |
			水电费	用工	农药	总计		增产值（万元/公顷）	增长率（%）
习惯施肥	133 005	26.6	0.30	6.75	0.45	750	19.1	0	
空白对照	77 985	15.6	0.23	5.4	0.36	5.99	9.61	0	
中等施肥	156 480	31.3	0.22	5.7	0.36	628	25.01	5.92	30.9
高量施肥	149 685	29.9	0.24	5.7	0.36	630	23.64	4.54	23.8
低量施肥	146 220	29.2	0.22	5.7	0.36	628	22.96	3.87	20.2

综合来看，由于各处理的施肥量及灌溉方式不同，各处理间亩纯收入不同，滴灌施肥处理亩纯收入比农民习惯施肥处理增加明显，每公顷增加收入 3.87 万～5.92 万元，增长 20.2%～30.9%。因此，设施黄瓜采用微灌施肥滴灌技术具有较好的节水节肥效果，能够提高黄瓜产量，改善黄瓜品质，同时提高水分利用率。微灌施肥滴灌技术虽然需要投入一定的成本，但依然能够获得一定的经济效益。

第三节　设施辣椒微灌施肥技术应用与效果

辣椒原产于南美洲的墨西哥、秘鲁等地，首先种植和食用它的是印第安人。16 世纪传入欧洲，17 世纪由欧洲引入我国。辣椒在我国虽然只有四百多年的历史，但是我国已经拥有了世界上最丰富的品种。进入 20 世纪 90 年代，在辣椒及其加工制品市场需求不断增长的推动下，我国辣椒产业发展迅速，并呈现出基地化、规模化和区域化等特点，发展速度大大高于全球平均水平。2000 年以来我国辣椒生产继续保持快速发展势头，2003 年种植面积达到 130 万公顷，总产量达到 2 800 万吨，分别占世界水平的 35% 和 46%。

一、设施辣椒生长基本情况

设施辣椒生育周期包括发芽期、幼苗期、开花坐果期、结果期四个阶段。从种子发芽到第一片真叶出现为发芽期，一般为10天左右。发芽期的养分主要靠种子供给，幼根吸收能力很弱；从第一片真叶出现到第一个花蕾出现为幼苗期，需50～60天时间。幼苗期分为两个阶段：2～3片真叶以前为基本营养生长阶段，4片真叶以后，营养生长与生殖生长同时进行；从第一朵花现蕾到第一朵花坐果为开花坐果期，一般10～15天。此期营养生长与生殖生长矛盾特别突出，主要通过水肥等措施调节生长与发育、营养生长与生殖生长、地上部与地下部生长的关系，达到生长与发育均衡；从第一个辣椒坐果到收获末期属结果期，此期经历时间较长，一般50～120天。结果期以生殖生长为主，并继续进行营养生长，需水需肥量很大。此期要加强水肥管理，创造良好的栽培条件，促进秧果并旺，连续结果，以达到丰收的目的。

二、设施辣椒田间管理

1. 温度与湿度　苗期夜间温度以15～20℃为宜，白天以25～30℃为好，随着植株逐渐长大，其最适温度也逐渐降低。开花结果初期适宜温度为白天22～29℃，夜间为15～20℃。进入盛果期后，适当降低夜温有利于结果。当棚内温度达到35℃以上时，花期发育不良，开花虽多，坐果甚少。湿度要求为白天控制在50%～60%，夜晚为50%～80%，湿度过大时容易造成病害。

2. 光照　辣椒是好光植物，在生长期间，要求充足的阳光。天气晴朗，日照充足，椒田通风透光，则开花结果良好；反之，阴雨连绵，日照不足，椒田通风透光较差，则开花结果不良。但在强光直射下，植株生育也差，并易诱发病毒病和日灼病。

3. 水分管理 辣椒生长对水分的要求因生长阶段不同而异。幼苗期特别是越冬苗,水分要求较少,微干有利于安全越冬。定植后到始花前水分要适当控制,有利于增温发棵和支柱稳长。初花期需水量增加,门椒采收后植株进入盛果期,需水量激增,水分不足影响果实膨大和花蕾发育,果小甚至畸形,结果率下降,产量减少,果质变劣。

4. 土壤 辣椒适于在中性或微酸性土壤上栽培。要求土层深厚、结构良好、有机质丰富,氮、磷、钾齐全,易灌易排的肥沃壤土。在盐碱地上栽培辣椒,根系发育不良,叶片不肥大,易感染病毒病。

三、设施辣椒水肥管理

1. 设施辣椒施肥基本原则 辣椒生长期长,边现蕾边开花边结果,分次收获上市,需肥量较多,每生产 1 000 千克辣椒约需氮 5.5 千克、五氧化二磷 2.0 千克、氧化钾 6.5 千克、氧化钙 3.6 千克、氧化镁 1.5 千克。氮肥施用量多会降低辣椒辛辣味;磷是花芽发育良好与否的重要因素,磷不足会引起落蕾、落花;结果期钾不足,会发生落叶,坐果率低;钙可延缓辣椒的衰老,增强抗性,缺钙时辣椒植株生长迟缓,果实易得脐腐病;进入果实采收盛期,镁吸收量增加,如果镁不足,叶片灰绿,叶脉间黄化,下部叶片脱落严重,植株矮小,坐果率低;缺硼,花药细胞分裂不正常,花粉发育不良,花粉萌发和花粉管生长受到显著抑制,根尖或茎端分生组织易受害或死亡。

根据辣椒需肥规律和土壤肥力的高低,温室辣椒施肥诀窍在于重施基肥、巧施追肥,具体施肥应把握以下原则:

(1) 重施有机肥 多施一些腐熟好的有机肥。老龄大棚,可增施一些微生物菌肥。土传病害(特别是死棵病)严重的大棚,应增施一些芽孢杆菌类生物有机肥。

（2）合理选用化肥　化肥作底肥用时尽量选用单质肥料，如尿素、过磷酸钙、硫酸钾。追施复合肥时尽量选用含硝态氮复合肥，在育苗、移栽、定植期施用，生根快、毛根多，可缩短辣椒缓苗时间增加幼苗对不良环境的抵抗能力。辣椒连续坐果能力，落花少，产量高，提升品质。

（3）合理分配基肥、追肥的比例　一般情况下，有机肥、微肥、80％的磷肥、50％的钾肥和30％的氮肥混匀后做基肥，其余70％的氮肥、20％的磷肥和50％的钾肥分别做追肥使用。对于部分微量元素可叶面喷施。

2. 设施辣椒微灌施肥管理　辣椒生长需要充足的养分，但在不同生长发育时期，需肥种类和数量也有差别。初花期之前，植株对氮肥需要量较少，如施用氮肥过多，易引起植株徒长，推迟开花结果，且因枝叶嫩弱，易感染炭疽病和疫病。初花后，植株对氮肥的需要量逐渐增加。进入盛果期后，对氮、磷、钾需要量增加。氮肥促发新枝，磷、钾促进根系生长和果实膨大，也有利于果实添色增味。一般来说，采用微灌施肥技术水肥管理如下：

（1）定植至缓苗　定植后及时浇水1次，每亩用水量15米³。

（2）缓苗至初花　缓苗至初花期灌溉1次。每亩用水量8米³。叶面喷施营养液1次，弱苗、小苗着重喷施。营养液按每100升水中加入N 220克、P_2O_5 250克、K_2O 200克配制。

（3）初花至门椒　初花至门椒开始膨大期，叶面喷施营养液1次，弱苗、小苗着重喷施，营养液配制，每100升水中加入N 220克、P_2O_5 250克、K_2O 250克。

（4）结果前期　对椒开始采收到田间采收结束前30天，灌溉周期为10~12天，灌溉9次。前3次每次亩用水量8米³，后6次每次亩用水量9米³。浇水时每亩用肥量N 2.0千克、P_2O_5

1.3 千克、K_2O 2.5 千克。田间采收结束前 30 天左右，灌溉周期 7～8 天，共浇水 4 次，每次亩用水量 10 米³。浇水时隔次每亩用肥量 N 2.8 千克、P_2O_5 0.5 千克、K_2O 0.5 千克。

(5) 结果末期 田间采收结束前 30 天左右，灌溉周期 7～8 天，共浇水 4 次。每次亩用水量 10 米³。浇水时隔次每亩用肥量 N 2.8 千克、P_2O_5 0.5 千克、K_2O 0.5 千克。

四、设施辣椒微灌施肥效果

为了验证微灌施肥技术在辣椒生产中节本增效的作用，在日光温室中进行了生产试验。采用大区对比试验，供试土壤肥力中等，前茬为黄瓜。滴灌试验区面积为 200 米²，栽培辣椒进行膜下滴灌；对照区面积为 200 米²，采用传统畦灌。

辣椒于 4 月 15 日定植。定植前基肥按照每亩施腐熟的优质农家肥 3 000 千克、复合肥 40 千克、钾肥 30 千克，深翻 30 厘米。采用大小行栽培，大行 70 厘米，小行 40 厘米，株距 30 厘米，试验区和对照区各种植 22 垄，每垄 52 株，种植 1 144 株，折合亩定植 3 815 株。定植后及时浇水和追肥，整个生育过程追肥 3 次，磷肥（P_2O_5）总追肥量 10 千克，氮肥总追肥量 25 千克，钾肥（K_2O）总追肥量 25 千克。试验区追肥水溶后滴灌施入，对照区结合浇水进行沟施。水分管理 3 次，分别在定植一结果前、结果期一盛果期和末收期前。

整个试验过程中详细观察记录辣椒生育期和每次浇水量。在辣椒采收期间，在滴灌试验区和对照区按照 5 点取样法进行记载，每个区 5 个点，每个点 5 株，每个区在试验区和对照区各定 25 株，观察记载单株结果数、果实长度、单果重、实际产量。

1. 微灌施肥对生育期的影响 滴灌试验区的初花期比对照区早 31 天，始收期比对照区早 20 天，盛果期比对照区早 25 天，末收期比对照区推迟 13 天；滴灌试验区采收期（从始收期一末

收期天数）为 120 天，比对照区长 33 天（对照区采收期为 87
天）（表 10-12）；滴灌试验区全生育期比对照区长 13 天。这说明
滴灌可促进辣椒生长，提早辣椒初花期和始收期，延长辣椒采收
期和全生育期。

表 10-12　生育期记录表

处理	定植期 （月/日）	初花期 （月/日）	始收期 （月/日）	盛果期 （月/日）	末收期 （月/日）	全生育期 （天）
滴灌试验区	3/16	4/26	6/5	7/15	10/5	255
对照区	3/16	5/27	6/25	8/10	9/22	242

2. 经济性状与产量　从经济性状与产量记载（表 10-13）来
看，滴灌试验区的株高比对照区高 14 厘米，果实长度比对照区
长 0.7 厘米，平均单株结果数比对照区多 3.6 个，平均单果重比
对照区重 2 克，折合亩理论产量比对照区增加 902.6 千克，理论
增产率 15.9%，折合亩实际产量比对照区增加 927.2 千克，实
际增产率达 19.6%。

表 10-13　不同处理生长状况和产量分析

处理	株高 （厘米）	果实长度 （厘米）	单株结果数 （个）	单果重 （克）	亩产量 （千克）	增产率 （%）
滴灌	152.1	22.3	36.4	47.5	5 656.2	19.6
畦灌	138.1	21.6	32.8	45.5	4 729.0	

3. 灌水量与经济效益分析　从不同时期灌水量与水费记载
（表 10-14）来看，各个灌水时期滴灌试验区用水量均少于对照
区，滴灌试验区每亩总用水量比对照区少 740 米^3，水费少
370 元。

表 10-14　不同时期灌水量与水费

处理	定植—结果前	结果—盛果期	末收期前	总用水量 （米³）	水价 （元/米³）	水费 （元）
滴灌区	17	193	140	350	0.5	175.0
对照区	83	700	307	1 090	0.5	545
节水量	66	507	167	740	0	370

　　滴灌试验区每亩产量为 5 656.2 千克，对照区每亩产量为 4 729 千克（表 10-13）。按照辣椒市场平均价 4 元/千克计算，滴灌试验区亩产值为 22 624.8 元，比对照区高 3 708.8 元。滴灌试验区比对照区多投入滴灌设施的安装费用 1 800 元/亩，比对照区节约人工 8 个，按照 50 元/人工计算，滴灌试验区比对照区节约人工费用 400 元。实际上滴灌试验区比对照区每亩增加产值为 2 678.8 元，产值增加幅度达 14%。

　　综上，辣椒栽培生产中采用滴灌设施，植株生长势强，开花、结果期提前，采收期延长，土传病害减少，产量提高，产值增加。由此可见，采用滴灌既省水又省钱，还可提早上市和增加产值，在今后日光温室辣椒栽培中应大力推广应用。

【参考文献】

陈碧华，郜庆炉，杨和连，等 . 2008. 华北地区日光温室番茄膜下滴灌水肥耦合技术研究 . 干旱地区农业研究，26（5）：80-83.

杜文波 . 2009. 日光温室番茄应用滴灌水肥一体化技术初探 . 山西农业科学，37（1）：58-60.

管理和 . 2012. 乐都县日光温室辣椒滴灌栽培技术试验 . 农业科技通讯（9）：115-116.

王永平，张绍刚，张婧 . 2009. 我国辣椒产业发展现状及趋势 . 河北农业科学，13（6）：135-138.

邢英英，张富仓，张燕，等．2014．膜下滴灌水肥耦合促进番茄养分吸收及生长．农业工程学报（21）：70-80．

于舜章．2009．山东省设施黄瓜水肥一体化滴灌技术应用研究．水资源与水工程学报，20（6）：173-176．

张世天．2012．番茄肥水一体化滴灌技术应用效果．蔬菜（6）：71-73．

图书在版编目（CIP）数据

设施蔬菜微灌施肥工程与技术/李俊良，梁斌主编．
—北京：中国农业出版社，2016.4
ISBN 978-7-109-21298-5

Ⅰ．①设…　Ⅱ．①李…　②梁…　Ⅲ．①蔬菜园艺—设
施农业—施肥　Ⅳ．①S626

中国版本图书馆 CIP 数据核字（2015）第 295700 号

中国农业出版社出版
（北京市朝阳区麦子店街 18 号楼）
（邮政编码 100125）
责任编辑　魏兆猛

中国农业出版社印刷厂印刷　　新华书店北京发行所发行
2016 年 4 月第 1 版　　2016 年 4 月北京第 1 次印刷

开本：850mm×1168mm　1/32　印张：9
字数：225 千字
定价：25.00 元
（凡本版图书出现印刷、装订错误，请向出版社发行部调换）